ムスタン爺さまの戯言

近藤　亨

新潟日報事業社

はじめに

想えば、筆を起こしてからいつしか三年近くの時が流れ去った。

この間、秘境の農業開発に余生を捧《ささ》げる私自身にとっても、祖国日本やネパール国にとっても種々の大きな変動が次々に現れて、その枚挙に暇《いとま》がないほどであった。しかもその大半が、大自然の悠久の流れに漂う小船のごとく右に左に揺れながら、空しく時を過ごしてきたとしか言わざるを得ないのである。

この度、新潟日報朝刊の各週火曜日げんき欄に、平成十九年五月一日から七十九回にわたってお載せいただいた「ムスタン爺さまの戯言」の全章が纏《まと》められ、一冊の随想集として出版いただく運びとなり、誠に喜ばしい限りである。

あと幾日も経ずして、再び高冷不毛の超秘境の地ムスタンに向かうわが身にとって、どの一章一節といえども思い出に満ちた碑《いしぶみ》なのである。本書をお読み下さる皆さま方、特に新潟県民の皆さま、なにとぞ卒寿の峠を登り詰めんとするこの老爺の望郷の想いに暮れる日々をお偲び下さい。

喘ぎ喘ぎ辿る山路の下草にかそけく咲けるふる里の花

平成二十二年六月吉日

近藤　峡村

目次

第二章　千樹会の賦　53

澄みきったヒマラヤの空の青さ

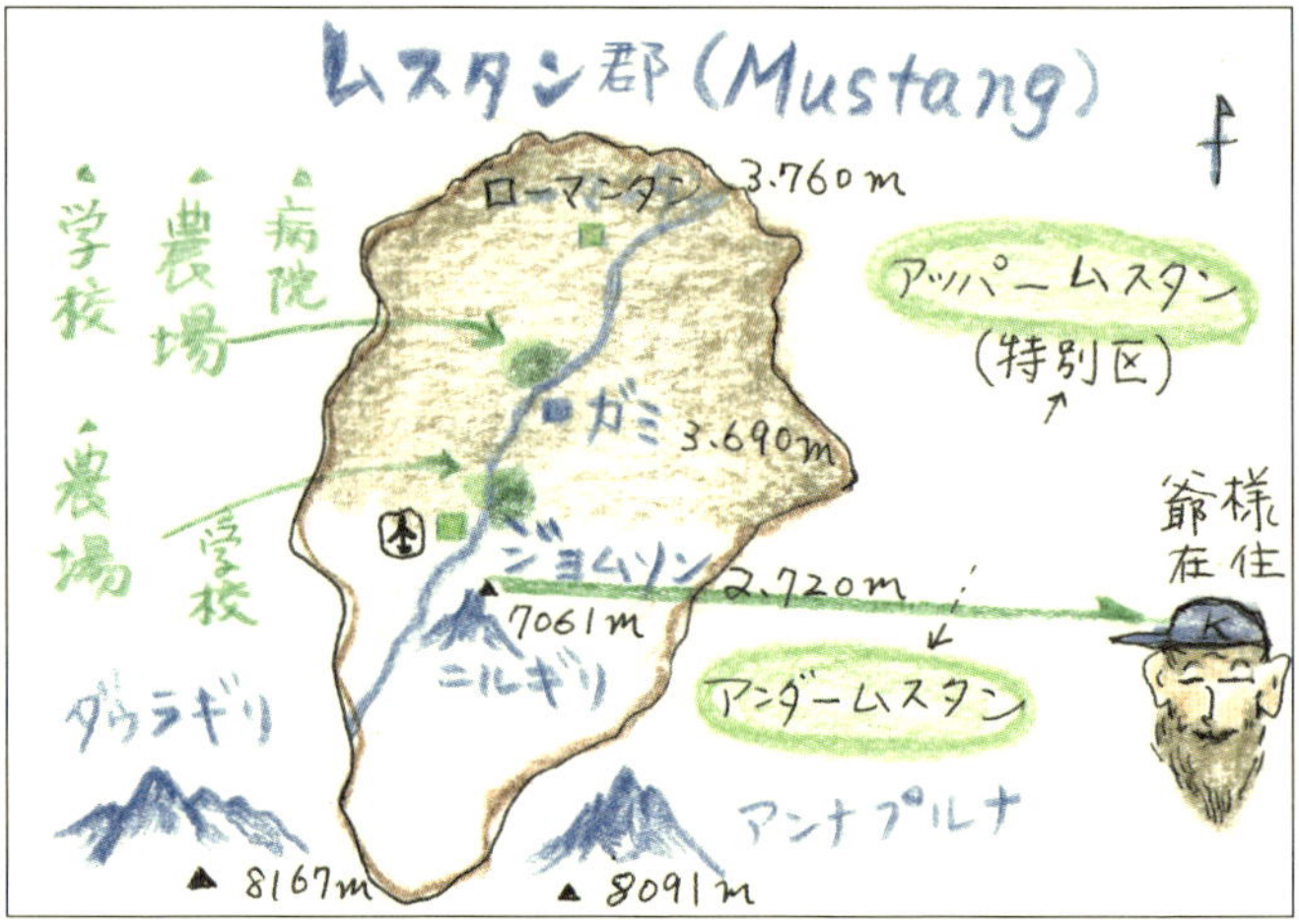

ムスタン郡(Mustang)
ローマンタン 3,760m
学校
農場
病院
アッパームスタン
(特別区)
ガミ 3,690m
農場
学校
ジョムソン 2,720m
爺様在住
7061m
ニルギリ
ダウラギリ
アンダームスタン
アンナプルナ
8167m
8091m

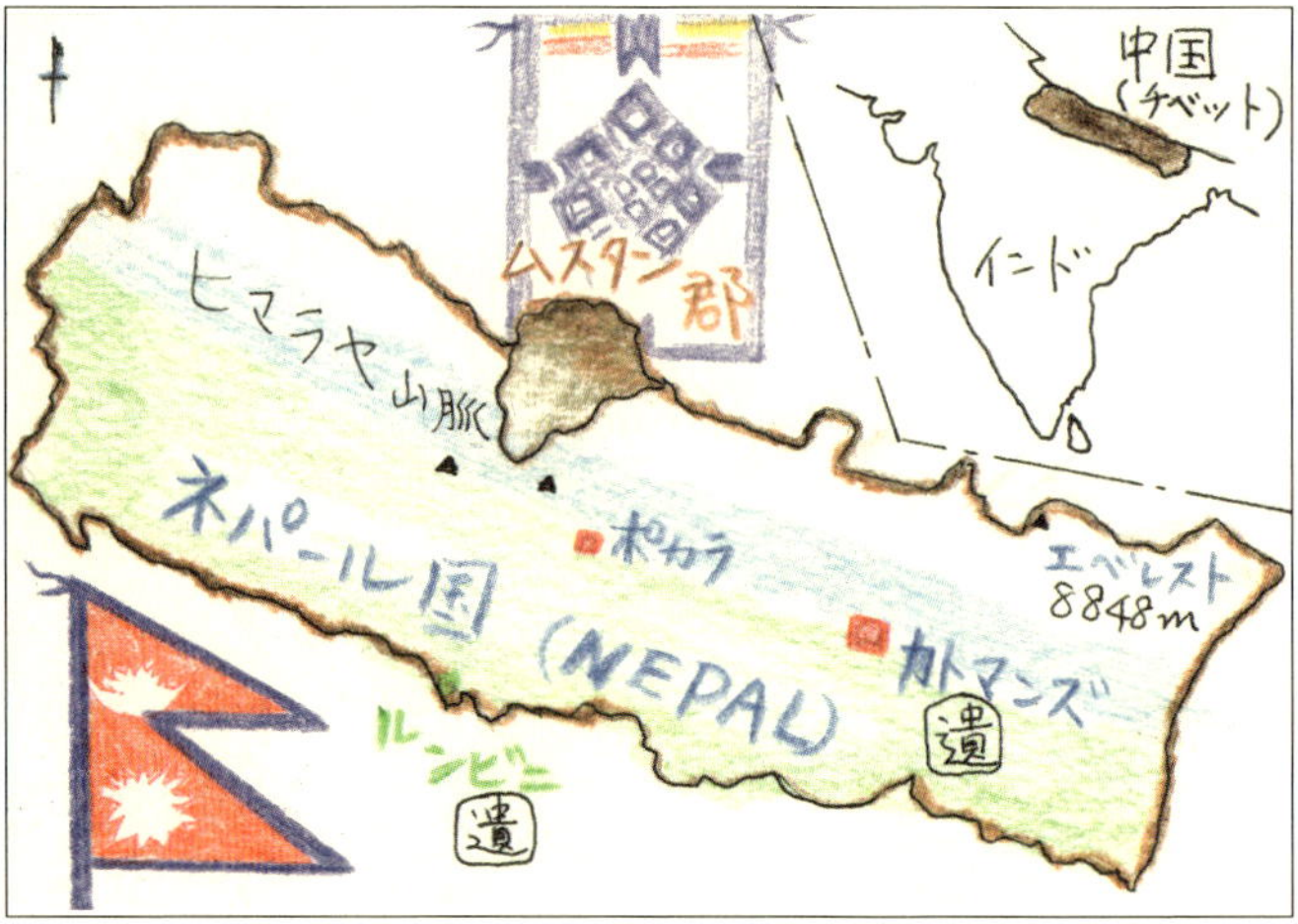

中国
(チベット)
インド
ムスタン郡
ヒマラヤ
山脈
ネパール国
(NEPAL)
ポカラ
エベレスト
8848m
カトマンズ
遺
ルンビニ
遺

第一章　天の恵み

ニジマスやコイの養殖池

天の恵み

私はあと二カ月で満八十六歳となる老爺《ろうや》であるが、大きな夢があって当分死ぬわけにはいかない。ネパールでは超秘境とされているアッパームスタン地方をネパールで、いや世界一の豊かな農業地帯にし、リンゴの花で山野を覆って桃源郷にする夢である。そしてそれは今決して夢ではなく着々と進みつつある現実である。

アッパームスタンは、私がその広大な不毛の台地を開墾してガミ農場開拓に着手するまで、ただの一度も耕されることのなかった処女地だった。故に誰も天の恵みに気が付かなかったのである。私たちは中学生時代から植物は十分な温度、水、大地があれば必ず生育すると生物の時間に習っている。どうやってこれらの三条件を備えてやるか、そこに人間の知恵が必要なのである。

これまで蕎麦《そば》、粟《あわ》、ライ麦しか作れなかった秘境のアッパームスタン。ヒマラヤ山脈ができた太古から絶えることのない山頂の雪解け水と、年中ほとんど雨の降らない乾燥地帯であった。

しかし太陽光線はサンサンと照り続けていたはずなのである。そして大地に至っては今もなお無限に大小の石礫《れき》で覆われどこまでも続いている。水もある、日中の温かい温度もあるわけで、この地表面を覆っている岩石や石礫を取り除けば無限に大地は眠っている。急いでこの石を取り除かねば、いや待てよ、この石こそ高冷地では何よりの宝なのではないか。子供のころ、小川で水浴びをして唇を寒さで紫にして真っ先に腹這《ば》いになって暖をとったあの石である。石の保温力を活用して静岡の農家は特産の早だしの石垣イチゴを育て上げた。

私も農業技術者の端くれ、誰もが邪魔にしていた厄介者の石を逆手に取った。石を積み上げその保温力を活《い》かして朝夕の外気の低温を阻止してやろうと思った。私は早速、ムスタンの石工を雇って大小の岩をレンガ型に切り、積み重ねて隙間《すきま》は泥で密閉した。これで冷たい外気は入らず、石垣の天井は太陽光線をよく通す耐久性も考慮したポリエステルパネルで覆ってやるのだ。この方法が私が考えた石垣ポリパネルハウスの発祥である。富士山頂より遥《はる》かに高い四千メートル、四千二百メートルの寒冷高地でのコメや、野菜栽培の始まりである。

ムスタンの過酷な自然条件に比べると日本のそれは比較にならぬほど恵まれていると思う。新潟の農家の皆さん、もっともっと天の恵みに感謝し、これらを大いに活用されることをお薦めしたい。

太陽と北風

みなさんは幼いころ読んだ懐かしいイソップ物語をいまだ覚えておられるであろう。ある時、北風と太陽が一人の旅人の外套《がいとう》をどちらが先に脱がせるか競争をした。烈風で旅人の外套を吹き飛ばそうとした北風よりも、旅人自らが外套を脱ぐように仕向けた太陽に軍配が上がったというあの話である。

今の日本にとっても大変蘊蓄《うんちく》のある説話のように思われる。日本と北朝鮮との関係はますます険しくなるばかりで、拉致家族の方々にはお気の毒だが、早期解決の明るい見通しなど日本政府のお粗末な今の外交姿勢では難しいようにも思われる。

此処《ここ》に老爺《ろうや》に秘策がある。まず、われわれ日本人は先の大戦で旧朝鮮や満州で現地住民たちに与えた、筆舌に尽くし難い迷惑を北朝鮮に心から詫《わ》びることである。次に古米、古古米を無償提供するのである。北朝鮮の一部の軍人や富裕層を除いて、ほとんどの国民は食料難に瀕《ひん》している。一方わが国では、緊急時の備蓄米に高い管理費と税金を支払っている有様《ありさま》、これを拉致被害者救出の代替としてではなく、日本国の懺悔《ざんげ》の償いとして、真の友情として、無条件に贈ってあげることである。

さらにである。越後は日本一の米どころゆえ、今の愚かな作付け制限を即時撤廃し、農民に作れるだけ米を作ってもらい、国家基準量を超えた米を毎年北へ贈って飢餓に苦しむ人々を救ってやろうではないか。中国にすら今後は日本米を輸出することを約束した安倍政権である。

彼らも決して鬼でも蛇でもない。それどころか、日本の中世期文化の何割かは当時先進国であった南北朝鮮から移入したことと、大恩ある国であることをわれわれは決して忘れてはならない。

八十六歳の私は、ネパールの秘境ムスタンや首都カトマンズ、ポカラ（ネパール第二の都市）などで「コンドウじさま」の愛称で呼ばれ、ヒマラヤの観光立国を標榜《ひょうぼう》しているムスタン人に向かって、私はある時は老若男女を問わず道行く人々の誰にでも「ナマステ」と先に挨拶《あいさつ》する。はじめ素気《そっけ》無く無言で通過した人たちも、このごろは彼らの方から挨拶してくるようになったのである。

われわれはイソップの「太陽と北風」の話を単に童話として理解するのではなく、日本の外交面でも大いに活用すべきではなかろうか。私の長い人生経験から、友情があれば道は必ず開けるに違いないと確信すると共に、これがまた奉仕活動の道にも通ずるものであると思う。

拝啓　安倍晋三総理大臣殿

あれは確か六年前の平成十三年十一月、私が第八回読売国際協力賞を受賞したときのことである。

小泉総理の代務で安倍晋三内閣官房副長官が、並み居る貴賓淑女の最上席に座らせられた。いまだ四十代を過ぎて間もない尊兄に、政治家としての要諦《ようてい》を語って聞かせたことがある。以来尊兄は亡き父上、安倍晋太郎氏の衣鉢を継いで頗《すこぶ》る順調に政治家としての大道を歩まれ、ついに自民党総裁内閣総理大臣として位人臣を極められ、誠に慶賀に堪えない。

思いもかけず、晴れの受賞者に選ばれた私は、受賞のことばに代えて次のように述べたことを尊兄は覚えておられるであろうか。私は目の前に小泉総理が居るかのように、日ごろの日本政治への憤慨を格調高く声高に説いたことを。

名君と呼ばれる為政者はその貧しきを憂えず、その等しからざるを憂うる。それがどうだ、今のわが国の為政者たちは全国農村で、殊《こと》に僻村《へきそん》の悲嘆と絶望の姿を知ってか、知らずでか。都市部の自動車業界の好景気に浮かれて、山村の農業振興策など考えてもみようとしない。

さらに悪いことに、農業の何たるかを知らぬエリート農業官僚たちが、全く農業哲学を持たないまま、日本農業の置かれた特殊環境をいかに生かすべきかを考えないまま農業の機械化、専業化、規模拡大を進めてきた。僅《わず》かな補助金や低利資金貸付などで、無気力な農民を駆り立ててきたのではないだろうか。農業への夢を断ち、絶望のふちに追いやろうとしていないだろうか。日本の農業の未来を憂い、憤慨している受賞者の老人の言としてよく小泉総理に伝えておき給《たま》えといった。

しかしあれからはや、十年近くの歳月が流れたが、日本の農村は今の様である。そればかりか、日本社会には凶悪犯罪や人倫にもとる悲しい犯罪が日ごとに激増しつつある。

山村は単なる食料供給基地としての役割だけではない。それ以上に大自然の豊かな懐に抱かれて営む農業こそは人類平和の泉、都会生活に疲れ果てた人たちの憩いの場なのである。私の暮らす秘境ムスタンにはそれらが満たされ、これまでに残忍な犯罪を見聞きしたことがない。この国の人々の仏教、ヒンズー教の深い信仰心にもよるが、何より農業を唯一の産業として土に塗《まみ》れて生きているおかげである。

安倍総理、貴殿が学識経験者の手で教育基本法を作り変えられるのも結構ですが、日本社会浄化への一番の近道は、過疎地帯の農業振興にあると断言して憚《はばか》りません。

たかがアルミ缶

安倍総理が「美しい国」づくりを唱え、学識経験者を集めて教育基本法を何遍立派に作り変えようとも、大人社会が日を追って腐敗混乱の度を増し弱肉強食の経済競争社会である限り、子供たちだけを立派にしようとしてもそれは不可能というものである。

先日私は和歌山のM小学校を訪れる機会を頂いた。そう大きな学校ではないが、六年生だけでアルミ缶を二十万個集め、その売上金のうち二十万円をムスタンで役立ててほしいとのありがたいお申し出であった。しかも子供たちのアルミ缶収集活動に、父兄や町内会、篤志家までがその活動を見守り、協力を惜しまなかったと聞いた。ムスタンに暮らす私が募金を直《じか》にお受けするため早朝五時半、タイ経由でネパールから関西空港に戻るやいなや、ムスタン地域開発協力会（ＭＤＳＡ）和歌山支部長の車の出迎えと案内で私を待ち構えるM小学校に直行した。

そこで、ヒマラヤ山麓《さんろく》の秘境ムスタンの子供たちが貧しくとも必死で学ぶ姿をスライドで示しながら、学校に行きたくても家計が苦しいために中学さえ満足に通えない子供たちが途上国には大勢いることを考えて、君たちのできる範囲で友情の手をこれからも差し伸べてほしいと声を大にして訴えたのである。

これまでに17校を建設贈呈

私の話を聞いた後、大抵の学校で自発的な募金運動が行われると聞く。人を思いやる優しい心を育《はぐく》む環境が学校教育であってほしい。さすれば、いじめ問題も子供たち自身の力で自然に解決してゆくのではなかろうか。ムスタンの実情を伝えることがそのまま総合学習となり、どこの学校でも先生方もご父兄も私の講演に感謝してくださる。

私が帰国中、時間の都合のつく限りは、こうして全国の小中学校あるいは高校、大学でムスタンの恵まれない教育環境の講演を続けていきたいと思うのは、私の話を聞けば誰もが日本の学校が如何《いか》に恵まれた環境であるかを知るからだ。

立派な大学に入り、名ある会社に勤め

得る近道としての有名校への進学ではないものの、依然として進学塾が大流行で、学校教育の真の目的を問い直す暇もないほど、社会も教育現場も連日さまざまな深刻な問題が続出し、教師も親も毅然《きぜん》とした対応が求められる。

何はともあれ、空き缶も二十万個も集めると「アルミ缶様」である。和歌山のM小学校の総合学習に大いに役立ったばかりか、ムスタンの十七校七百五十七人の子供たちに真心を届け得る街のアルミ缶を、今日から見直してみてはいかがですか、新潟のみなさま。

煙草と私

私の周囲の人は、日本人でもネパール人でもみんな私がヘビースモーカーであることをよく知っている。八十を過ぎてから健康を考えて、一～二回禁煙を試みたが長くは続かず、一～二カ月で元の木阿弥《もくあみ》で、結局煙草《たばこ》がなければ何も仕事に手がつかないのが本音である。

近ごろはニコチンの少ないのを一日に一箱と決めているにも拘《かか》わらず、好きな碁や将棋、マージャンに夢中になっているとき、或《あ》るいは重要な書類や日本のみなさまに宛《あ》て毎晩手紙を認《したた》めるときには二箱、三箱の煙草のお供が必要である。その私が、他の喫煙家のそろそろやめ出す六十五歳から、逆に煙草の楽しみを覚えたことを話すと呆《あき》れられるであろう。

二十年前のこと、馬子と二人でシンズリ郡の農村地帯をＪＩＣＡの要務で回っていた或る日、私が峠の茶屋で一休みすると、馬子の少年がポケットから取り出したのが一ルピー（およそ二円）で十本も買えるほどの屑《くず》煙草であったが、それがまるで天国から漂う香のように私の鼻をくすぐるのである。「ターパー君、僕にも一本ちょうだい」と遂《つい》にたまりかねて吸ってみたのが、こんなに病みつきになろうとは思わなかった。特に空気の乾燥している高地のムスタンで疲れたとき吸う一服のうまさは何物にも代えがたく、日露戦争の古強者《つわもの》だった父がよく歌った「一本の煙草も二人で分けて飲み」という軍歌もまた煙草の効用を如実に物語っている。

最近、煙草のみを目の敵にして「禁煙、禁煙」と何で声高に叫ぶのであろうか。酒も煙草もそれぞれ嗜《たしな》む人がマナーを守り、周囲に迷惑をかけずに楽しんでいれば、誠に心地よくかえって薬にもなるというものである。むしろ国庫収入には税金を多額に納め大いに貢献している訳であるし、そう目くじらを立てる必要もなかろうと思うのは私だけだろうか。

新幹線や飛行機による長距離の旅ともなれば、愛煙家にとっては辛《つら》い旅路となるのであるが、もし読者の方でネパールに旅をされる愛煙家がおられたら、是非《ぜひ》ネパール航空を利用されたらよい。カトマンズまで九時間以上かかる空の旅でも、最後部座席の一〜二列に限り喫煙を黙認してくれ、いかにもネパール人らしい優しい思いやりであり、だから私はできる限りいつもネパール航空を利用している。煙草を吸わない方も、是非雄大なヒマラヤの大自然の空気を吸いにムスタンをお訪ね下さるようお待ちしている。

将棋指しの血筋

平成十三年秋、新宿の将棋センターの看板を見て立ち寄ったところ、ちょうどその道場に日本将棋連盟二上達也会長が訪れて外部の参加を歓迎する由を知り、私は初段として参加することにした。

八人を勝ち抜いたら一段昇格してくれる由、俄然《がぜん》私の闘志に火がついた。三人五人と勝ち抜いて行くにつれて徐々に強敵が現れてくる。それでもたて続けに七人に勝ち、もう一人倒せば二段の証書が交付されるのであるが、朝の十一時から始めて遂《つい》に夜の十時になっていた。殆《ほとん》ど夕食以外休憩も取らず夢中で指し通し、最後は周囲を人に囲まれた中での一時間半の激闘の末、私が勝ちを得たときの興奮は今でも忘れず、そのときいただいた二段の賞状は今もカトマンズオフィスに晴れがましく掲げておく。

私の母方の血には天性将棋指しの天分が流れていたようで、六人兄弟の末の一人娘として育った母は兄たちの将棋を見て育ち、生来なかなかの指し手だったと聞く。そして厳しかった父も囲碁や将棋を結構嗜《たしな》んだのだが、いつも将棋だけは年下の母に敵《かな》わなかったのだ。

さらに私にとって大きな励みになる身近なお手本がある。九十二歳の広島の姉も、八十九歳の東京の姉とも何《いず》れも健在で、僅《わず》か四十歳でこの世を去った母の代わりでもある。姉たちは周囲の知人友人などを大勢募って会員に誘ってくれるなど、私の異国での奉仕活動に長年協力を惜しまない。広島の長姉は今でも大の将棋好きで、私が会の要務で泊まるときにはいつも夕食後は必ず自分で重い将棋盤を運んでは、飛車角の二枚落として貰《もら》って勉強するほどである。そして東京の姉は私の勧めで喜寿から始めた短歌も日々進歩を遂げて、地元の短歌会の選者をサポートするまでに上達した。二人ともどうやら認知症とは無縁で、むしろ緩やかな進歩を遂げているように思う。

二度と帰ってこない人生を無駄にせず、むしろ晩年こそ何か目標や夢を描いて日々精進したいものである。そして祖国日本の老人層や熟年層が、徒《いたずら》に漫然と余生を楽しむのではなく、少しでも世のため社会のためにお役に立てる意義ある人生を送ろうと努めるなら、日本社会もきっと立派に蘇《よみがえ》るに違いない。それらを思いながら、今日もムスタンで日本の伝統文化の将棋を、日本人スタッフと結構楽しんでいるのである。

秘境なり

ムスタン郡はネパールの中で唯一の軍事機密基地を有し、アンダームスタン地区（標高二、八〇〇メートル前後）と、それよりさらに高地で特別区のアッパームスタンからなる。その境界地点に検問所があり、一般外国人はそこからは一歩たりとも足を踏み入れることはできない。さらにムスタンとチベットの国境は完全に閉鎖され、ネパールを挟んでインドと中国を結ぶかつての交易街道沿いの村々はすっかりさびれている。農業を営むにもこの地帯特有の極端な乾燥と、午後から決まって年中吹き荒れる強風が高冷地での零細農業をさらに困難にしている。

ソバ、ライ麦、裸麦などの安価な雑穀しか収穫できず、コメは勿論《もちろん》一粒も栽培されない。この地域に暮らす貧しい村人にとって、コメは冠婚葬祭の時にだけ口にできる高嶺《たかね》の花なのである。交通手段は歩くか馬に乗るかであるが、最近は郡都でバイクがほんの僅《わず》かに普及し始め、いわば当地の高級タクシーである。ほとんどの村々に電灯はなく、ホテルや土産物屋などの一部でテレビや電灯のある近代文明の恩恵に浴すが、大半の零細農民には未《いま》だそれすらも程遠い秘境生活である。

かつて国際協力機構（ＪＩＣＡ）の果樹専門家として、昭和五十一年に初めてネパールに赴任して荒れたヒマラヤ山麓《さんろく》の果樹栽培振興に挺身《ていしん》していたころ、農業省の依頼で外国人としては恐らく初めて特別区の境界を越えた私である。その当時は、未だ同地帯にはカンパー族の流れを汲《く》む馬賊が豊かな村を襲撃してはあちらこちらに出没するとの噂《うわさ》も流れ、警察隊や村長に守られながら私はカリガンダキ河畔を北へと遡行《そこう》しては進んだ。今から三十年ほど前のことである。それが現在は外国人の立ち入りを許可し、一日一人七十ドルの入域料を払い、最低二人以上で申し込むと自由に誰でも壮観且《か》つ荘厳なヒマラヤの大自然を目の当たりにアッパームスタンの旅を楽しめるようになった。国家収入としても、それが貴重な財源となる国である。

あれから十六年、試行錯誤の結果、この地の特異な気

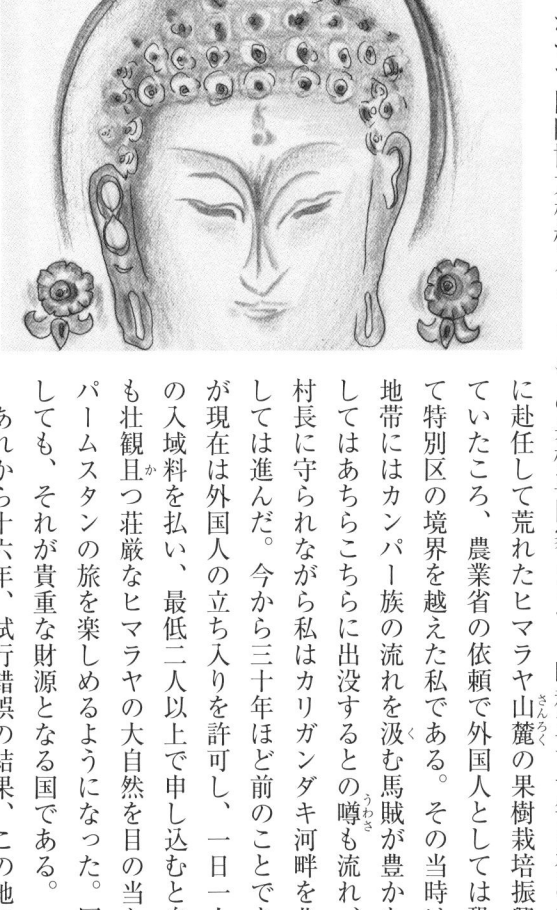

象条件を逆手にとって、高冷地での野菜や稲の栽培、果樹栽培技術を指導する傍ら酪農、養鶏、養魚などを加えた総合的な有機自然農業を展開することができた。これまでに十七の小、中、高等学校の建設とＭＤＳＡガミ病院の運営のため老躯《ろうく》に鞭《むち》打つ日々である。これも皆さまの温かいご支援があればこそ。ナマステ！（ネパール語で感謝やあいさつなど広く使われる）

酒と私

人並みに酒を飲みたいものと幾度かチャレンジしたものの、遂《つい》に飲酒とは無縁で生涯を終わろうとしている。亡父も亡兄も「斗酒なお辞せず」の酒豪だったのに、私は母方の血を引いたらしく全くの下戸である。その昔三女が、芸大のピアノ科に合格した祝いに湯沢温泉で散財、祝盃《しゅくはい》のビール一本が五人家族で半分も残って仲居さんに笑われた。また、果樹団地の造成や技術指導にかかわっていた県職当時のこと、仕事の後でその晩は必ず一席設けられたのだが、次々と回って来るお酌に応対するのが大の苦手で早々に別室に引きあげ、村の碁打ちや将棋指しに来てもらい手合わせする方がかえって楽しみであった。したがって私はこの年になるまで居酒屋、バー、クラブなどには全く入ったことがない、いや誘われてたった一度だけあったかなぁ。

それほどの下戸が七十歳を過ぎ、それも誰も夢想だにしないムスタンでブドウ栽培を始め、ワイン醸造に夢中になり始めたのである。カトマンズ盆地や南側の平野部は、亜熱帯性モンスーン気候。良質のブドウ栽培がこれまで不可能だったのは、収穫期が豪雨に見舞われ、実が割れてしまうからであった。しかし八千メートル級のヒマラヤ連峰の北側に位置するムスタン地区は、年間降雨量一五〇ミリ以下という極端な乾燥と強烈な太陽光線、さらに高地ならではの昼夜の温度差が著しい点を考えれば、世界の有名なワイン産地の気象データと見比べて、ここでもブドウ作りとワイン醸造が決して夢ではないと私は確信したのである。

ただし最大の障害は、年中決まって午後に吹き荒れる風速一〇~二〇メートルのヒマラヤ山麓《さんろく》特有の強風である。平棚では到底不可能で、風の被害の最も少ない垣根仕立てとし、その両側に防風樹を兼ねてリンゴ、アンズを植えることにした。ネパールでは勿論《もちろん》初めての本格的なワインブドウ栽培である。

今秋漸《ようや》く本格的な収穫が見込まれる見通しで、既に二、三年前に仕込んだぶどう酒は、自然のままの果実だけでもなかなか芳醇《ほうじゅん》な高級ワインの香りさえ漂わせており、私が九十歳になったら必ず世に出す予定である。或《あ》いは私はあの世に行く前に、自家製のムスタンワインならば飲めるやも知れず、新潟のワイン党のみなさまどうぞご期待くだされ。

ワシントン訪問記（その1）

当会ムスタン地域開発協力会（MDSA）はこれまで毎年一〜二回、健康でかつ会員であることを条件に、老若男女不問でムスタン農場体験研修を実施し、なかなかの好評である。平成十七年秋、旧村松町出身でワシントン在住のY氏（当時六十八歳）が遥々《はるばる》アメリカから参加した。ワシントン市の寿司《すし》組合の会長で同市内では押しも押されもせぬ日本食レストラン「寿司太郎」を経営する彼が、老齢の私がムスタン農場で元気に陣頭指揮するのを目の当たりにし感銘を受けた様子でこう言った。

「近藤先生、アメリカを見てみませんか」。飛行機の手配や滞在中の宿など一切を受け持つので、ぜひワシントン在住の日本人やアメリカ人に発破をかけてもらえないかと。私が折々ブッシュ政権の独善性やアメリカ追随一辺倒の日本政府の愚かさを痛烈に批判するにつけ、常々危惧《きぐ》の念を抱いていたようだ。アメリカの今を、自ら確かめてほしいという配慮があったことは事実である。

これまで私には一、二度訪米の機会はあったのだが、仕事が忙しかったことと、アメリカ式の果樹栽培技術にそれほど学ぶべきものがなく、敢《あ》えて行こうとしなかった。しかし今の心境は全く違う。最近の日本の農政に不安材料が多いが、その一つが欧米先進大国や中国から怒濤《どとう》の如《ごと》く押し寄せる大量の農産物である。それらを迎え撃つ手だてとして、世界に誇れる優秀な品質の日本の果物や野菜を計画的、継続的にしかも大量に欧米の大消費地に輸出してみてはどうかと。かつて国際協力機構（ＪＩＣＡ）の園芸プロジェクトリーダーだった時、カトマンズから栗《くり》と巨峰をシンガポールに大量に出荷して頗《すこぶ》る好評を博したことを思い出していた。この際、大アメリカ市場を見ておくことも好機に違いない。「ぜひ招待してほしい」とお答えしたのがアメリカ行きの発端である。

Ｙ氏は、私の返事を受けるとすぐに平成十八年九月の決行を想定し準備を開始し、「寿司太郎」の要務で度々東京へこられると、ＭＤＳＡ事務局次長を訪ねては詳細を打ち合わせてくださった。

ところがである。同年六月、私に予期せぬことが起きてしまった。アッパームスタンのガミ農場に行く途中に急病（高山病＝一刻を争って低地に降りる対応が必要）にかかり、カトマンズの病院にヘリコプターで搬送され、その二週間後に新潟の病院に入院の身となってしまった。一方、ワシントンではＹ氏の尽力で、日米文化センターホールでの大講演会が着々と準備されていた…。その先は次回に。

ワシントン訪問記（その2）

平成十八年六月末日から新津医療センター病院での入院生活が始まり、ムスタン地域開発協力会（ＭＤＳＡ）の皆さまの温かいお見舞いと同病院の手厚い看護のおかげで、高山病はすっかり回復したものの、今度は胃の一部に悪性腫瘍《しゅよう》が見つかった。だが運のいいことに、九月のワシントンでの講演を済ませてから手術をしても差し支えないとの院長の診断を得たためアメリカ行きを決断した。入院生活の最中のことで私も足がすっかり弱っていたので、ワシントン在住で今回私を招待してくれたＹさんの友人、兵庫のＳさんも自費で同行くださることになった。ＭＤＳＡのＨ次長とＳさんの二人に支えられての鹿島立ちである。

いよいよ出発当日の九月二十二日、成田空港で出国手続きをするその時になって大変なことが起こった。私のパスポートにである。アメリカ側入国のさい、このパスポートでは機械が読み取れないから私だけ出国できないのだと。出国カウンターでそう言われるまで誰も気付かなかった顔写真のあるページ下を見て、愕然《がくぜん》とした。ＳさんやＨ次長のパスポートにはコードナンバーが記載されていたが、私にだけそれがなかったのだ。

さあそれからが大変。再発行してもらうには本人の出頭で一週間はかかり、どんなに急いでも三日は必要という。ワシントン日程の九月二十四日、敬愛会の特別講演や翌日の日米文化センターでのメーン講演に果たして間に合うのか。それにYさんのご配慮くだされた段取りがギッシリ決まっており、大勢の皆さまが私を待っておられる。離陸までの残された時間はあと数十分に迫っている。…私が渡米できない最悪の場合を想定し、私の講演の代役として何とか切り抜けるため、H次長だけは先行しワシントンに向け不安げな面持ちであたふたと発《た》って行った。空港にとり残された私とSさん、今度は私のパスポート再発行のための奔走劇の始まりである。

九月二十二日は土曜日で役所関係は休業であったが、東京都庁池袋事務所と空港から電話でやり取りをした。その結果、午後五時までに本人が出頭すれば同所長の配慮で二十三日午前十一時には再発行可能の確約を得た。そうと決まれば、直ちに成田空港から東京都庁池袋事務所に急行するしかない。Sさんの肩にすがりながら、しかも車いすでの移動の旅ゆえ池袋へ着いたのは午後五時ギリギリになっていた。異例中の異例、天佑《てんゆう》というのはまさにこのことであろう。申請してからなんとわずか十八時間後に、新しいパスポートを入手できたのである。東京都庁池袋事務所にナマステ！

ワシントン訪問記（その3）

平成十八年九月二十二日、ワシントンで寿司《すし》店を営むYさんからアメリカへ招待されたが、いざ出発の段になってパスポートの不具合により、搭乗できないというハプニングに見舞われた。なんとか再発行してもらい、成田空港に舞い戻り一夜を明かすと、翌日二十三日はアメリカ行きの飛行機に空席がないためキャンセル待ちとなった。翌二十四日、今度こそ搭乗できるのである。ワシントンとの十三時間の時差が功を奏し、アメリカ到着は日本時間の今日（二十四日）のままである。その足でワシントン郊外の講演会場へ、Yさんの自家用車で直ちに駆けつける手はずである。

新潟を出て三日目、十三時間の飛行後、ついにアメリカの大地に降り立つと、空港ではYさんが首を長くして待ちかねていた。「あいやぁー先生、お疲れでしょうが会場へ直行しますよ」

講演会場に到着すると、日本からワシントン研修の寿司職人数名が会場で握り寿司を講演前に振る舞うという、至れり尽くせりの心憎い段取りである。早速、挨拶《あいさつ》もそこそこにまず私たちもご相伴にあずかった。そのうまいことうまいこと、米といい、ネタといい、新潟でも滅多《めった》に味わい得ない飛び切りの握り寿司をワシントンでいただけようとは。ワシントン在住の日本人は勿論《もちろん》、アメリカ人も一度これを食べたら二度三度とYさんが経営する「寿司太郎」へ足を運ぶことであろう。

その時である。またもやハプニングが起きた。Yさんの案内で主催側の女性理事長に挨拶に行ったその席で「近藤先生が間に合って本当によかったですわ」と急接近した見ず知らずの中年女性にキッスの歓迎を受けようとは。大正生まれの老爺《ろうや》のことゆえすっかりドギマギしながらも、そこはマナー宜《よろ》しくやんわりと首に受け止め、途端に周囲からどっと喚声が上がった。

やがて講演予定の午後一時半のベルを合図に皆続々と講堂に移動した。Yさんが私の経歴紹介とこれまでの経緯を説明後、私はいつもの口調で講演を始めた。

花のワシントンに住まい、比較的安泰な生活を送っておられる方たちを前にし、祖国日本を離れ三十余年、ネパールのヒマラヤ高原の農業開発に八十五歳のいまも飛び回っている私の余生を捧《ささ》げた生きざまを声を大にして語った。自身の幸福を願うだけでなく、飢えや貧困で苦しむ世界の人々のため、人類恒久平和のために力を合わせようじゃないですかと。ムスタン地域開発協力会のH次長は、日本から持参した現地の写真を話の順番に後方のスクリーンに次々と映し出していた。そして万雷の拍手はいつまでも鳴りやまなかった。

ワシントン訪問記（その4）

ワシントンでの第一日目の夜が明け朝四時起床、招待してくれたYさん豪邸客室の窓を開ける。朝の静かな冷気が頬《ほお》に心地よく、鬱蒼《うっそう》と茂る木立の間からリスの親子が次々と私の眼前に立ち止まっては私を見、やがて通り過ぎてゆく。入院中の私のアメリカ行きを心配する姉妹、知人、友人に宛《あ》て、Yさんご家族に連日お世話になり快適な日々を楽しく過ごしていると毎朝何枚も絵はがきに認《したた》めた。

「先生よく眠れましたか？」。やがて六時過ぎに豪邸主のYさんがノックし、朝のご挨拶《あいさつ》である。朝の四時から机に向かうほど元気な私を見て安心されたようだ。彼の奥さんは偶然にも私の郷里と同じ加茂市の出身。アメリカ滞在中は、すべて奥さんの手料理によるおもてなしで、アメリカに来ている事を忘れさせるほど巧みな日本料理であった。鮭《さけ》や秋刀魚《さんま》の焼き物、煮菜、玉子《たまご》焼き、きんぴら、車麩《ぶ》と大根、馬鈴薯《ばれいしょ》の煮物、ノッペ、イクラの醤油《しょうゆ》漬け、それに魚のアラの味噌《みそ》汁。聞けば昔、加茂の三指に数えられる料亭だった亀鶴亭がご実家との由、なるほど納得した。しかも総入れ歯の私に硬い食物は一切出さないご配慮もありがたく、舌鼓を打っては全部平らげる健啖《けんたん》ぶりを朝から発揮して皆をビックリさせた。

そこへお孫さんの可愛《かわい》い坊やがバタバタと飛び込んで膝《ひざ》に乗っかかる。坊やは二男のお子さんで、ご長男はウズベキスタンの女性と結婚し、此処《ここ》から離れて独立されている。二男坊が「寿司太郎」を継いでご両親と同居される賑《にぎ》やかで明るいご家族で、Yさんも幸せそうである。

朝食のひとときと、ネパールの末子《すえこ》相続の話にも例え、「案外これが合理的かもしれませんよ」とネパール人独特の婚姻事情について面白おかしく話して聞かせた。

ネパールの大部分の農民たちは概《おおむ》ね五十歳前後が寿命。しかもかつての日本のように貧乏人の子だくさん。長男長女は成人になるまで親の訓育指導を受けられ元気に社会に巣立つ事ができるが、七人八人の末子ともなれば時に幼小のうちに両親に死別するので、僅《わず》かな財産を半分は末息子に与え、上の兄姉たちは残りを均等に分けてもらい独立し、また嫁しては家を離れる。しかも部族の結束は固くその純血を守るため、他部族間の男女間の結婚は固く禁じ、幼いころから両親や親戚《しんせき》が協議して許嫁《いいなずけ》を決めておく。これを破れば村八分か二度と故郷に戻れぬ由、しかし最近は都会の若い世代や、特に教育を受けた子弟はこの限りではないのも実情だと。

ワシントン訪問記（その5）

平成十八年の九月二十五日午前十時、予定通り特命全権大使加藤良三氏への表敬訪問に、ワシントンへ招待してくれたYさん、ムスタン地域開発協力会（MDSA）のH次長、Yさんの友人Sさんに導かれ厳重なセキュリティーチェックを受けながら日本大使館に到着した。世界中でもアメリカ合衆国駐箚《ちゅうさつ》日本大使ともなれば、さぞ厳《いかめ》しい人物だろうと想像したが、頗《すこぶ》る温和な方で、私がこの度の訪米目的と経緯を説明すると、「それはそれは遠路ご苦労さまですね」と物腰柔らかに応対くださる。何分超多忙な公務のため、今晩の私の講演にはお見えになれないことをお詫《わ》びされるなど、およそ三十分、気さくな会話が弾んだ。

さらに今日のみはテレビカメラ入室の特別許可が下りた。それでNテレビワシントン支社の取材班はすかさず、ネパール王国在住で、日本帰国中に病院を一時退院してまでワシントンを訪問した私と、合衆国駐箚日本大使との言うなれば異色の取り合わせである歓談を収録した。私が激務の大使の労を労《ねぎら》うと、大使は私の老齢を顧みない秘境開発の苦労を労い、固い握手を交わしたのち全員で記念撮影をしてお別れした。

今訪米のメーン講演はその夜である。会場の日米文化センターはワシントン市内でも

一、二の目抜き通りに位置するオフィス街の一角、大理石をふんだんに使ったビルの地下フロアである。既に何人もの秘書官による念入りな講演準備が進められていた。しかもYさんが会長を務めるワシントン寿司《すし》組合からは、わざわざ日本から寿司職人がこの日のために訪米、研修を積んだとびっきりの握り寿司が来場者全員に振る舞われる手筈《てはず》や、MDSA加茂支部長のご配慮でニューヨークの娘さんから花かごまで届けられていた。講演に際し、事前にH次長と書記官との間で綿密な打ち合わせがなされ、大使館専属の通訳まで付けてくださるという。

さて…、定刻になった。講演会場に入ると在留邦人やアメリカ人よりもトッピー（ネパール男性帽）姿や美しいサリー姿のネパール人が断然多く、まるで全米からこぞって参集したかのように二百席余を満たしている。あたかもネパールにいるようで、私の口からは自然に英語とネパール語が飛び出し、遂《つい》に通訳を介さずして立ったまま一時間半の力説となった。

老齢の私が君たちの祖国ネパールで、しかもネパール人さえ住むのを拒むような辺境の地で必死になって村おこしに夢中になっている姿を、君たちは如何《いか》に見るのかと。平和の尊さを訴え、若き彼らを鼓舞してやまない私の話の終わるを待たずして、彼らの最大級の感謝の意を表す万雷の拍手が会場内に轟《とどろ》き、ワシントン講演もかくして成功に終わったといえよう。

ワシントン訪問記（その6）

ワシントン滞在三日目、農業技術者としての私が一番楽しみに待っていた日。午前七時半の朝食後直ちに出発。当地で世話になっているYさんが、私のために知り合いの農場訪問を計画した。

彼の店「寿司太郎」の食材として欠かせない紫蘇《しそ》の仕入れ先というDC郊外のS農場まで高速道路を東へ三時間余、アメリカの広さを感じながら走ると、そこは三十ヘクタールほどの土地に外国青年二、三人を雇い、そこそこのビニールハウス二棟も有している。柿も数本植えられていたが手も回らず草ボウボウの放任栽培で、日本の農家が小規模で雑草一本も畑に生やさず整然としているのとは対照的である。品質は多少落としても量で勝負する経営方針なのだろうか。品質で勝負する日本式果樹栽培と量産のアメリカの違いである。

次にS農場近くのりんご園を訪ねると、今度は選果場で驚いた。大事な商品のはずの果実を無造作に大型機械でゴロゴロと水洗い、乾いた所で果面保護剤の液に浸し傷口の腐敗

在アメリカ日本大使と

を防止する。取り扱いが荒っぽいにも拘《かか》わらず、りんごは皮を剥《む》いて食べるのだからこれで良いのだという。すべて合理主義である。かつて私の長女がヒューストンで、家族で七年暮らして帰国後にこう言った。「アメリカのりんごは、表面がギラギラと農薬で汚れてさわるのも怖いほど、果物は日本が断然世界一だわ」。農薬の汚れではなく、日持ちを良くするための果面保護剤だったのだ。

日本の篤農家が少しでも果実の色付きを良くするため、果梗《こう》近くの葉を手でもぎ取るような手法などもっての外《ほか》。果樹や野菜の形や色付き等、少しでも不揃《ふぞろ》いだと規格外として二束三文で叩《たた》く日本の青果市場の出荷体制など思い浮かべなががら、隣接するりんご園を見て二度驚いた。巨木の主幹整枝栽培も結構だが、木が込み過ぎて殆《ほとん》ど地に日照が差し込まない。果実の色づきとか日当たりを良くして、少しでも美味にしようなどとは全く考えないものか。鬱蒼《うっそう》と生い茂った枝からりんごを一つもぎ口にしてみた。九月であることを考慮しても小粒で硬く、甘みや酸味も薄い。

私はムスタンの五十へクタールのりんご園と比べていた。未《いま》だ若木ながら、この園とは正反対に矮《わい》化仕立ての計画密植栽培で整枝剪定《せんてい》は摘果も楽な上日照も良く、色付き、糖度も桁《けた》違いに良いぞと確信したのである。さらに、新潟の梨《なし》、桃、ぶどう、柿等どれをとっても世界で通用する一級品であるとの誇りを持ち、郷里の生産農家の皆さま方も益々《ますます》栽培技術の研鑽《けんさん》を積まれ精進されますよう願ってやまない。

ワシントン訪問記（その7）

平成十八年九月、ワシントンを訪問した私は、翌日の帰国を前に青果売り場をぜひ一度見ておきたく、滞在先のYさん宅がいつも利用するスーパーマーケットに案内してもらった。

韓国産のりんごを含めて世界中の果物があったが、残念ながら日本の果実が一つもないのが淋《さび》しい限りである。ここに日本の一級品のりんごや柑橘《かんきつ》類が並べてあれば、きっと断然異彩を放つであろうが、何故《なぜ》日本の優秀な温州みかんや梨《なし》、柿などを出荷しないのだろう。果物への根本的な考え方の相違であるアメリカ的実用主義、店頭で少しでも見栄えよく新鮮なものを提供するという考えは初めから必要がなく、夫々《それぞれ》が雑然として並べられ、欲しい人はどれでも勝手に買ってくださいという訳で、少しでも無駄なコストはかけない。それより、少しでも店頭に如何《いか》に長く置けるかが重要なのだ。それは日本のりんご農家が、品質は抜群ながら果肉が柔らかく日持ちの悪いゴールデンデリシャスを、農林省国立園芸試験場育成の「ふじ」に殆《ほとん》ど切り替えてしまったと同じ発想である。

売り場を見て回り、違う種類のりんごをそれぞれ二個ずつ求め、Yさん邸で早速皆さんに審判員になってもらい食べ比べである。鮮度ではワックスをべっとりかけているアメリカ産が、産地も近いので断然トップである。味覚や芳香はカナダ産、外観ではオーストラリア産に軍配が上がった。風味豊かで糖度が平均十五度を越す、ムスタン地域開発協力会産りんごがこの場にないのが、私は返す返す残念であった。

午後からは、国会議事堂やポットマック河畔の桜並木を遠く近く見て過ごした。三月下旬から四月初旬に、満開の並木の下、日本大使館と日米協会の協力によるDC日本商工会主催の桜まつりで賑《にぎ》わうそうである。一方、大正元年に日米親善の証しにソメイヨシノの桜の苗木がこの地に贈られ、両国の外交関係に幾度も翻弄《ほんろう》された思い出も持っている。そしてこれに勝るとも劣らぬ見事な桜並木が、加治川堤防に延々と生い茂っていた当時（両岸合わせて長堤十里の桜提は東洋一といわれた。昭和四十一年の七・一七水害とその翌年八・二八水害の二度に及ぶ大災害を受け河川改修のためすべて伐採され、現在は復元が手掛けられる）が思い起こされたりして、なかなかこの場からは去りがたい。

明日は帰国の途につく私たちのために、Yさんが知人、友人、姉妹を豪邸に大勢招き、地元産高級蟹《がに》のバーベキューで送別の宴を今夜催してくれる由、後ろ髪ひかれる想《おも》いで四時過ぎ帰路についた。

ワシントン訪問記（その8）

流石《さすが》に連日の強行軍で歩くと、右足の膝《ひざ》が痛い上にだいぶ浮腫《むく》んでいる。がまん、がまん。かくして僅《わず》か四日間のアメリカ大旅行だったが、政治、経済、軍事、あらゆる面で世界をリードしているアメリカ合衆国の心臓部、首都ワシントン市を私なりに隈《くま》なく要所要所を見学できた。これもみな、招待してくれたYさんのご好意の賜物《たまもの》である。

欠点も多いが、それにも増して大いに学ぶべき素晴らしいアメリカの長所を幾つか知る事ができた。その第一が合理性である。広大な国土の割に少ない人口、無駄な外観や形式にこだわらないおおらかさと実質主義、兎《と》も角実用優先である。そしてそれがとりも直さず欠点ともなる。

日本の自動車業界が高品質な車を生産し、豊かになった消費者の心を引きつけ、遂《つい》に中型、小型車は日本車に限ると言わせるまでになった。農産物の部門でも、今後は量より質に大衆の嗜好《しこう》が徐々に移ってくるに違いなく、これこそが狭い島国日本が農業で生きる道であろう。しかし残念ながら日本の農業政策は、機械化専業化して、怒涛《どとう》の如《ごと》く押し寄せる欧米先進農業大国からの農産物に対抗しようとしている。むしろ、機械化し量産できるものは輸入し、果樹や野菜など高品質な農産物を欧米などの大市場に輸出し、その青果部門を日本が制覇することを目指すべきである。

第二の長所は、行き届いた都市計画である。地価も高いであろう目抜き通りでも、三〜四メートル幅はあろうか、必ず建物の前に一定の広さの植栽を有し、思い思いの花々が可《か》憐《れん》に咲き競い、如何《いか》にも自然と人と車社会が心地よく調和する景観が美しい。ビルは一定の高さ規制の中で混然一体であるにもかかわらず、東京のような他を威圧し乱立する高層ビル街ではない。広い街路の間には、緑陰遊歩道が設けてある。

Yさんの経営する「寿司太郎」は目抜き通りのビルの二階を独占し、七十客席ほどを四十人のウエートレスが忙しく働く。連日夕暮れになると、店内の空席を待つ明るいアメリカ人たちが通りまで列をなす。しかも入り口の壁沿いには、われわれ庶民とは縁遠い歴代日本大使や大臣等とYさんとのツーショットの記念写真がずらっと並んでいる。

誰に憚《はばか》る事なく自分の感情を率直に相手に伝える素直さ、歓迎のキッスで老爺《ろうや》の到着を喜んでくれたご婦人など、まさにアメリカ人だった。空港のゲートまで一昨日の敬愛会での講演の写真を携えて見送りに駆けつけてくださったケアファンド（ワシントン首都圏に住む日本人・日系人を互助する女性組織のＮＰＯ）の会長さん、全日空ワシントン支社からは老体を労《いた》わるビジネスクラスのご配慮をいただくなど、多くの方々にお世話になり「アメリカ漫遊」の幕は閉じた。

高山病の怖さ

高度三、六〇〇メートルのムスタン特別区に数年慣れ住んだ私が、まさか高山病にかかって生死の境を彷徨《さまよ》うことになろうとは夢にも思わなかった。大抵の医学書には三、〇〇〇メートル以上の高山に登って目まいや頭痛、吐き気、呼吸困難、鼻血等の症状が出たら直ちに低地に下りて安静にしていれば自然に治癒すると記述してある。

平成十八年の春、日本で東奔西走する講演を終えてムスタンへ戻っていったころ、現場を長く留守にしていたため日中は農場管理指導が山積し多忙を極め、夜は夜でお世話になった支援者の方々への礼状書きに費やし睡眠時間も削っていた。その上、某テレビ局の「マジックセロ」の番組の収録のため、セロなる人物やタレント総勢十二人が大挙してムスタンにやってきて私の活動を取材していたのである。

彼らを見送った翌日、ガミ農場へ馬で向かった。…が、難所急坂を上り下りして漸《ようや》く四、二〇〇メートルのサマル峠に辿《たど》りつくと、急に目まいがして息苦しくなっていた。これが実感。…あッ、遂《つい》に高山病になったのだな…と。

馬子のサンバードル君は私の急変に気付き「せんせー、馬を降りここに寝ていてください。助けを頼んで担架でガミ病院へ運んでもらいますから」としきりに言うのを、私は朦朧《もうろう》としながらも断固それを断った。「こんなざまを村人に見られてたまるか。黙ってガミ病院まで馬を進めるのだ!」。彼は心配げに私を見かえりながら、ゆっくりゆっくり馬を引いて下っていく。それからやがて意識を失ったらしい。

ムスタン地域開発協力会（ＭＤＳＡ）が建設運営するガミ病院Dr.ケーシーは自ら高山病の権威となるべく、ネパール屈指の高地に志願してこの秘境に赴任し、これまで大勢の欧米のトレッカーたちの高山病に対処してきた。

「たいへん！　近藤爺さまが高山病で死にそうだ」「急いで酸素吸入、点滴の支度を！」。二人の看護師とともに彼はできる限りの応急処置を私に施した。ベッドに横たわる私を、今度は低地に下ろす一苦労が待っていた。携帯電話などと無縁で不便極まりない通信手段の村落から、漸く緊急事態のため確保できたヘリコプターでの搬送となった。しかし、運が悪いことに天候不良で飛べない日が続き、四日目にカトマンズの緊急病院の中庭に到着できた時、漸く眠りから覚めたように完全に意識が戻っていった。

あの時Dr.ケーシーがもし不在であったなら、そのまま息を引き取ったに違いない。高山病にかかるかどうかは、その時の体調の良し悪《あ》しですべて決まることを、この時初めて八十五歳の身をもって体験した。

あわや一巻の終わり

「通常内視鏡による切開剥離《はくり》術での限度は三センチ四方ですが、近藤さんの場合はボーダーラインぎりぎりのため、胃の全摘が一番良いのでしょうが、八十五歳というお年を考え、主治医でおられる新津医療センター病院長とも相談した結果、当病院で剥離術をお引き受け致します」

平成十八年十月十日、新潟大学病院で私の胃の手術が決まり、その同意書の署名捺印《なついん》に東京から二女も駆けつけて型通りサインを終えた。

病衣に着替えさせられ麻酔を施され、はっきりと目が覚めた時はまる一日以上たっていた。術後の執刀医の説明によれば、削《そ》ぎ取った病変は三センチ四方の限度を大きく上回る面積で、パソコンの画像に映し出された。

八日間の入院診療計画書に従って、徐々に食事も重湯からお粥《かゆ》へと昇格し順調な回復経過を辿《たど》ったので、九日目からはまた懐かしの新津医療センター病院へ転院し、ゆっくり療養することにした。

センター病院に再び戻った私を快くお迎えくださった院長は「術後ですからくれぐれも無理されずゆっくり療養ください」と部屋を後にされた。そしてその晩遅くなってから大惨事勃発《ぼっぱつ》である。

術後八日目であるにもかかわらず体のどこも痛くもなく、夜も更けて点滴も終わった時間帯、個室をいいことに浴槽にぬるま湯を満たし恐る恐る入浴しようと動いたのがいけなかった。急に胸がムカついて唾《つば》を吐くと真っ赤な血がドドッと口からあふれてくるではないか。「しまった」。慌ててベッドの所まで戻ろうとしたが、動転して腰が立たず、床に這《は》いながら漸《ようや》くベッドの脇のナースコールを押したまでは分かったが、なぜか意識が薄らいでうつぶせに倒れ、床のそこら中が血の海となった。

気がつくと緊急処置室のベッドの上である。夜勤の医師と看護師さんたちだけでは如何《いかん》ともしがたく、ご自宅が新潟にある院長が急遽《きゅうきょ》深夜に駆けつけてくださった。胃の傷口の止血処置を受け、容体が少し落ち着いたころには朝も白々と明け初めていた。

後で知ったが深夜、病院から新発田のHさん＝ムスタン地域開発協力会次長＝に私の容体急変を告げる電話が掛かっていたという。彼女は夜明けを待って心配そうな面持ちで駆けつけてくれ、危機を脱した私を見て胸を撫《な》で下ろしたに違いない。内視鏡剥離術を軽く見た私の無茶な行動の果ての事態で、あの夜院長がもし不在であったら近藤亨一巻の終わりであったに間違いなく、院長は文字通り私の命の大恩人である。

入院中の病院で講演

「少し体力がつきましたら当病院職員一同に、近藤さんのネパールでの奉仕活動のお話をいただけますか」。胃部の内視鏡剥離《はくり》術後、急変した私の命の恩人である新津医療センター病院長の要請とあらば、喜んでお引き受けする事にした。

平成十八年十二月一日午後五時半。開催される私の講演会のポスターが前もって病院内のあちこちに張り出されるなど、職員の方々からもさまざまな準備をしていただいた。その上、「四十年前、近藤先生の英語塾の教え子だった家内やその友人も講演を楽しみに聞きに来ますよ」などと、思いがけず懐かしい話なども庶務課から飛び込んできた。実はその昔、私は娘三人を東京の大学へ進ませていた事とて県職の僅《わず》かな給料では到底足りず、高校英語教師の免許証を駆使し、新潟と新津の二カ所で今でいう進学塾を経営していた事があったのである。

さて当日になった。私の講演に先駆け、地元新津のムスタン地域開発協力会支部長、遠山悦男さんが秘境ムスタンで苦闘する私を訪ねて来られた時の実録ビデオの放映があり、病院長の紹介の後私の登壇である。

「こちらの病院で本当にお世話さまになっております。私はこれまで日本全国で何百回講演したか判《わか》りませんが、まさか入院中の病院でお話させていただけるとは夢にも思わず、これもすべて豊島宗厚院長さんのご好意の賜物《たまもの》で感謝致します。私は間もなくここを退院すると、直ちに厳寒のヒマラヤ山麓《さんろく》の小さな国、ネパールの中でも最も秘境といわれるムスタンへ貧しい人々を助けるため戻ります。病み上がりの身で何故《なにゆえ》またへき地へ行こうとするのか、爺《じい》さん格好をつけるのもいい加減にしろと思われるでしょう。そこが皆さんと私の違うところ。どうせ間もなくお迎えが来る身だからこそ、少しでも世に役立った

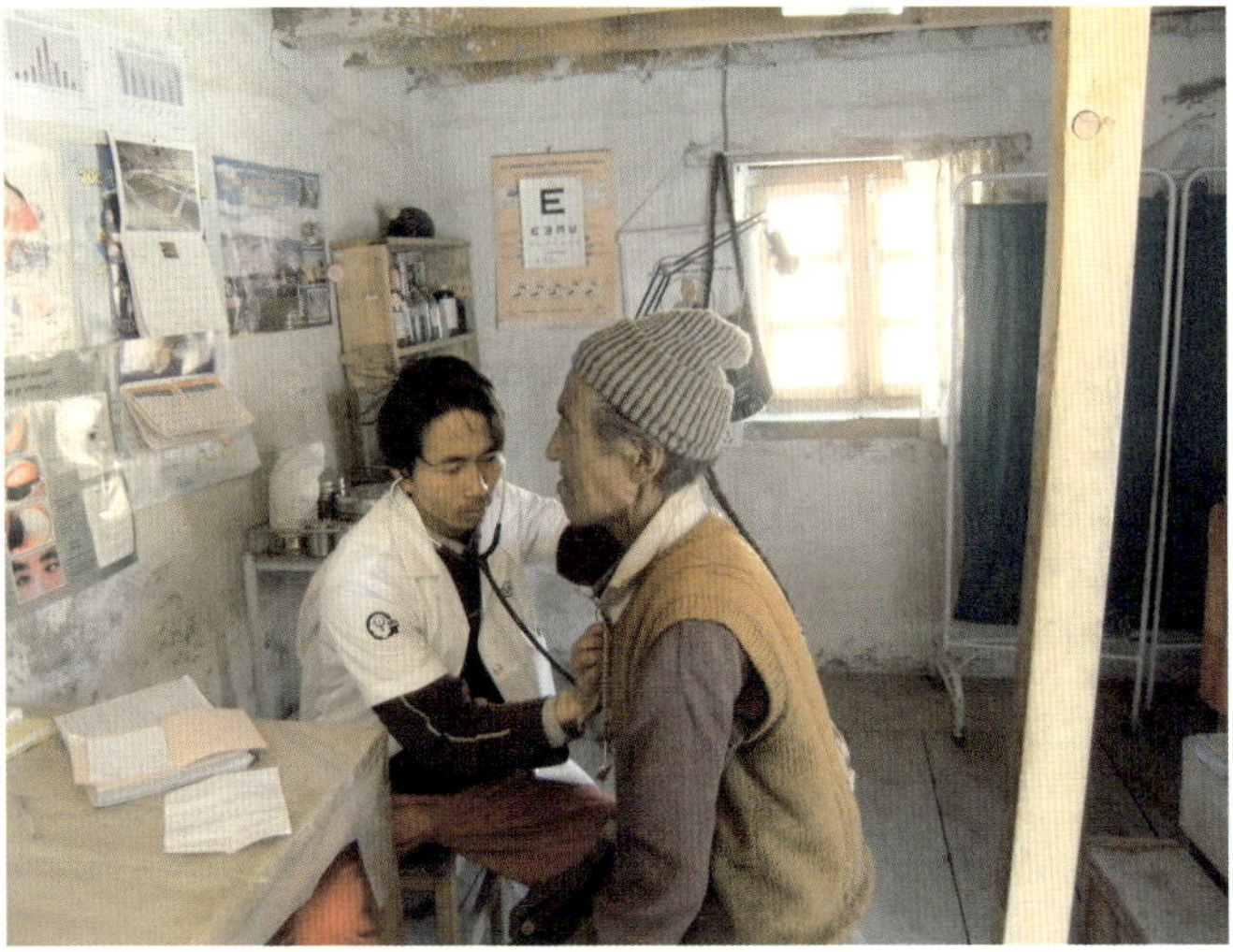

ガミ病院での診察

仕事をやり遂げてからあの世に行きたいのです。

豊かな日本の文明生活に満ち足りた皆さんとは正反対、アワやライ麦、ソバしか食べる物のない酷《きび》しい自然環境のムスタンです。必死に暮らしている大勢のムスタンの人々を思うと、黙って見過ごしている訳にはいかぬのです。荒れたムスタンの不毛の大地でもおいしい果物を、米を、トマトやナスやカボチャ、大根や青物野菜を作ってあげられるのにと思うと、居ても立ってもおれず、これこそ農業技術者としての心意気なのです。皆さんもどうぞご自身の家族の幸せだけのために一生を終わらず、貧しい人や恵まれぬ環境で喘《あえ》ぐ人たちを少しでも救うように、友情の手を差し延べ得る人生をお送りください」

ムスタンの、貧しいながらも元気に生活する子供たちの姿や、開発途上十七年目の農場の様子、会員・篤志家のご寄付を全国から寄せ集めては苦心して造った「ガミ病院」をスライドで紹介しながらの一時間はあっという間に過ぎ、万雷の拍手で私の講演会は無事に幕を閉じた。

その名は「秘蓮」

「兎《と》も角一度近藤さんにお見せしたい」。かつてネパールで買い求めた数珠から生まれた珍しい蓮《はす》の花を――。

ムスタン地域開発協力会（ＭＤＳＡ）長岡支部の会員高頭清雄さんの邸内（深沢町）の池で、数珠から発芽した蓮の花が開いたのだ。平成十九年十月初め、日本各地での講演会日程の合間を縫って、長岡郊外のお宅をお訪ねする機会を得た。かつて牧野藩重臣というお家柄。その佇《たたず》まいは鬱蒼《うっそう》と茂る木立が幽玄で、珍奇な自然石をあしらった石灯籠《どうろう》や踏み石の屋敷内を案内され、やがて裏庭を外れたあたり、見れば池水に浮かぶ小さな葉とともに淡紅色に楚々《そそ》として咲く蓮の花が数本、秋風に微《かす》かに揺れて見えるではないか。世に持て囃《はや》されている大輪の蓮の豪華絢爛《けんらん》さとは裏腹に、そのあまりの可憐《かれん》さに思わず絶句し、この目を疑った。

野趣に満ちた、旧家の小さな池に密《ひそ》やかに咲く、これこそ昔の文人たちが雅《みやび》の極致として愛《め》でたであろう風雅の原点ではなかろうか。

私はそこに立ち尽くして暫《しばら》く〝無念夢想〟である。

聞けば数年前、高頭さんは釈迦《しゃか》生誕地であるネパールの南西部ルンビニに詣でたその折、一連の数珠を土産物店で求めたそうだ。植物採取に深い造詣をお持ちの方ゆえ、旅を終えて帰国されると間もなくその数珠をばらして播《ま》き、そのうちの発芽した一種を大切に育てた。やがてついに、平成十九年から可憐な花を咲かせ始めたというのである。

世にも不思議な蓮の花を拝見して数日後、今度はぜひその花に命名してほしいとのお願いである。

講演会で連日各地を移動して回る旅先で思案するほか暇はない。それを弁《わきま》えてＭＤＳＡのＨ次長が携帯した色紙に、筆を走らせたのはＭＤＳＡ上越支部の集会を終えてからの帰路、今度は東京へと乗り換えるため車から慌てて降りて到着した新幹線燕三条駅のホームだった。

命名した花の名と私のサインを書き終えるやいなや、上りの列車にスレスレで間に合ったその名は「秘蓮」。あの小さな池に最もふさわしい風雅の神髄で、その由来と秘めやかな花型を連想させる名を付けようと思い巡らした末である。

長岡の「秘蓮」を今後とも県内のみなさまもどうぞよろしく。

第二章　千樹会の賦

異郷にゲストを迎え、話は尽きない

千樹会の賦

頼まれることも多い中、この度は歌作である。私が漢詩を作ることを知って詩吟の会歌の作詞を頼まれたのは、今から十年ほど前のこと。ムスタン地域開発協力会（ＭＤＳＡ）新発田支部長で新潟大学農学部在職中の私の教え子でもある森田国昭さんがネパールにいる私に手紙を認《したた》めてきた。森田さんのお願いは、神風流（詩吟の会）の阿部神縣さんが所属する「千樹会」の会歌を依頼したいということだった。

会歌ともなれば、何時《いつ》までも皆に愛唱される格調高い、詩情豊かなものでなければならない。私の今の、超多忙な異郷での明け暮れの中で、果たして作詞の時間が取れるだろうか。

しかし、待てよ。かつて私は新潟農専のＯＢたちが今でも愛唱してくれる寮歌やＭＤＳＡの会歌（近藤著『ムスタンの朝明け』に記載）などを、幾編か作ったことがあったではないか。支部長の頼みとあれば何としてもお引き受けしようと決めた。

早速、森田・阿部の両人に来てもらい、千樹会の現状や希望などを伺い、私がムスタンに戻ってからひと月後には必ず書き上げて日本にお送りすることを約束して別れた。

漢詩は古今の名吟を紐《ひも》解くまでもなく、原則として「起承転結」を守らねばならず、また多少の趣味の差はあろうが韻を踏まねばならない。何より格調高い吟じやすい語彙《ごい》を選ばねばなるまい。

私はムスタンに戻ると暗い電灯の下、毎晩毎晩深夜まで作っては直し、書いては消して、自ら吟じてみては想を練った。

やがて約束のひと月後、七言絶句の会心作の会歌が誕生した。

翌年の早春、帰国した私に新発田集会での後、千樹会選《よ》りすぐりの精鋭会員十名余が会場に来られ、韻を踏んだ七言絶句を朗々と高らかに披露くださった。その冴《さ》え渡る声は今も耳奥に消えず残っており、またぜひお聴かせ願いたい。

神風流千樹会の賦

近藤亨　作詩

吟友集来交一献（吟友集い来りて一献を交わす）
春宵談酣忘深更（春宵談酣《たけなわ》にして深更を忘る）
千樹夢遥同憂士（千樹夢遥《はる》かなり同憂の士）
残月朧吟声不盡（残月朧《おぼろ》にして吟声盡《つ》きず）

冬咲くサクラ

〝今年もネパールゆかりのヒマラヤ桜が寒風にもめげず、やさしく楚々《そそ》と咲きました〟千葉県習志野市にお住まいの岡節子さん（当会の千葉支部長）から写真を添えて、このようなお手紙を頂いた。以前秘境ムスタンをご支援いただく熱い友情の絆《きずな》にと、小さい鉛筆ほどのサクラの苗木をネパール政府の証明書を得た上で、各地の熱心な同志の方々におあげした。

そして遂《つい》に平成十八年、五年目にして初めて習志野で花をつけた「ポンユウ」（ネパールの桜の呼び名）が開花第一号となった。

花の咲いた場所は習志野市。最初は岡さんのお庭の植木鉢に大切に育てられ、人の背丈以上にまで成長した段階の平成十九年三月、同市のバラ園内に移植寄贈された。

その後一年を経て、今冬も市の管理する谷津バラ園の一角で淡紅色の花を咲かせたというそのサクラ。棘《とげ》のある矮性《わいせい》のバラ園の中にあって、ラムサール条約湿地の谷津干潟を近くに有する同公園で一本だけ冬に向かって花芽を伸ばすヒマラヤ桜の若木は、残念ながら忽《たちま》ち野鳥たちが見つけ大喜びで群がったのであろう、何と次々に花が食べられたそうだ。見かねた岡さんが、市の担当技師さんに鳥除《よ》け対策を急遽《きゅうきょ》お願いしてきたと認《したた》めてあった。

私は早速、礼状かたがた返事を次のようにお書きした。きっと可愛《かわい》い鳥たちも、初冬に咲く珍しいネパール桜を見て大喜びしているに違いなく、何年かすればやがて成木になり彼らも食べ切れないほど咲くから決して心配には及びませんと。

平成二十年二月五日、会務帰国の折、谷津バラ園の最適地にお植えくださった習志野市環境部公園緑地課技術スタッフの皆さまに一言お礼を申し上げ、今後の肥培管理のアドバイスなどして差し上げたく思っている。

ヒマラヤ桜の特徴は晩秋・冬咲きで常緑、冬でもつややかな新葉で、花はソメイヨシノに負けない豪華さを備え、しかも二酸化炭素、二酸化窒素等の同化能力が高く環境浄化木として利用できる上、樹勢が強いなどの利点がある。ネパールの故ビレンドラ国王が、かつて日本留学中に熱海市に贈られた三本が知られているが、車の往来が激しい街道の並木として大いに植えられることを皆さまにお薦めしたい。

「ポンユウ」は元来、野生種に近い植物ゆえ、あまり過保護にすると、日本の子供たちのように、かえってその後の発育が芳しくないこともわれわれは大いに学ばなければならない。

小さな苗木を開花までお育てくださった岡支部長さんと、今後の育ての親となられた習志野市に厚く御礼《おんれい》を申し上げます。

共に暮らす人たち

八十六歳の私が単身、秘境ムスタンで農業開発にさぞ苦労していることだろうと皆さまは気の毒がってくださるが、実は日本一幸せな老人で充実した楽しい日々を送っている。ジョムソン（ムスタンの郡都―飛行場から歩いて四～五分の街道沿いに、当会の事務所がある）で共に暮らす兵庫出身の大西信司さん（六十歳）、と地元のサドルさん（二十四歳）が、まるで自分の実父か爺《じい》さまのように、足の悪い私の身を気遣って温かく支えてくれる。明るく勤勉で親切なスタッフたちと毎日、午前中はリンゴ園やブドウ園で働き、午後からは祖国の皆さまに宛《あ》てて手紙を書くのが日課である。

大西さんの趣味は山登りと囲碁。ムスタンの山々に魅せられて、定年後暫《しばら》くムスタン現場で私と過ごすことを決意くださり、酒も煙草《たばこ》も一切たしなまないが甘いものが大好物という、私に勝る堅物？　以前はソフトウエア系の会社にお勤めで、長年労組の委員長も経験されたという。ムスタンサイドの会計をパソコン記帳に直し、日本の事務局長がこれまで最も苦労の種にしていた、現地経理の記帳方法の改善に努めてもらっている。さらにジョムソンに来られるまでは、会社勤務のかたわら農業もやってこられ、家畜と果樹以外は安心してお任せできる。農場が休みの日は、若いスタッフを連れて近くの山々に登って過ごし、夜は実力伯仲の囲碁二段の私と白黒を取り合うことを楽しむ仲である。できれば奥さんを呼び寄せ、ご実家の田畑は兄上に譲り、私の亡き後の現場を引き受けてほしいと希《こいねが》っている昨今である。

　ネパール人スタッフのサドルさんは、以前ここで働いたスジタさんの後任で食事と雑務担当。村の高等学校で優秀だった、明るく気立ての良い娘さんである。近ごろ料理の腕がメキメキ上達、ニジマスの刺し身、インゲン豆のシロップ煮、稲荷《いなり》やのり巻き寿司《ずし》、豆腐のから揚げなどを見事に作り、日本からのお客さまは誰もみな絶賛して帰られる。平成十九年末、シャン村の幼馴《なじ》染みのビサ青年と結婚。夕食後は大西さんからパソコン操作の手ほどきを受けたり、農場長のビレンドラさんから日本語を習ってい

ゲストが訪ねるとニジマスや天ぷらでもてなす

る。

なお、ビサ君はジョムソンでは珍しい自動車の運転免許証を持っており、将来はガミ病院の患者やドクター輸送の運転手兼ガミ農場、病院専属の経理担当も有望かもしれない。

かくして私はこれらの人に護《まも》られ、労《いたわ》られながら秘境ムスタンで今日も楽しく壮大な夢を追っている。

冬虫夏草（ヤチャグンバ）

集団自殺希望者は別にして、一年でも一日でも長く生きたいと願うのは人類永遠の悲願である。

そして百歳、百五十歳の長寿を保ち得る秘薬がないものかと洋の東西を問わず、時の権力者や富豪たちは金に糸目をつけず探し求め、そして遂《つい》に見つかった。その名をチベット語で「ヤチャグンバ」―「冬虫夏草」という。それも、アッパームスタンから程近いチベットの一寒村で昔から伝わり、土地の人はそれを煎《せん》じて飲むので、その村の平均寿命は百二十歳だという。ムスタンへ単身定住し始めたころ、チベット人のテンジン君（アッパームスタン農場長）にヤチャグンバを何とか手に入れてもらえないかと頼んでみた。彼は軽く引き受けてくれ、チベット人にしか判《わか》らぬ秘密ルートを辿《たど》って、二、三日のうちに完全なヤチャグンバ十数体をもたらしてくれた。

見れば、地下部にあたる部分はミミズを小さくしたような色形の体長五センチほどの土壌腺虫で、冬期間地中で縦に生息していて死滅し、春にその栄養分を吸ってそこからゼンマイのような植物が伸び始め、夏に再び五センチぐらいに伸び、晩秋には枯死する。

目聡《めざと》いインドの商人が冬虫夏草を大規模に培養し、粉末をインド料理に用い大々的に宣伝して大儲《もう》けをしたが、その料理が全く不老長寿とは無縁のただのインド料理と判明し今は誰も見向きもしない由とか、中国のオリンピック選手が新記録を続出させたその裏で、冬虫夏草を国家管理とし外部には一切流れぬように選手たちにお茶代わりに煎じて飲ませていた云々《うんぬん》とか、冬虫夏草が一躍世の脚光を浴びたことがある。

以前帰国し、ある所で不老長寿の秘薬ヤチャグンバの話になった。「近藤さんが年を取っても、いつまでも血気盛んに大声を出し元気な訳は、その秘薬を飲んでいるからに違いない」との噂《うわさ》が流れ、打ち消しに苦労したことがある。実は私、冬虫夏草の煎じ薬がどんな味なのか一度も口にしたことがないので判らないでいる。チベットに隣接しているアッパームスタン地方でも数カ所、冬虫夏草が昔から自生している穴場があると最近村人から聞いたので、生きているうちにその現場を訪ねてみたいものだと秘《ひそ》かに願っている。

平均寿命百二十歳という驚異的な長寿村に、もう一つ宝物があることを知る人はごく少ない。村が始まって以来、喧嘩《けんか》口論がない至極温和な村の本当の長寿の秘訣《ひけつ》は、冬虫夏草の効よりも村民同士の互譲の精神と、真の平和愛好者の両親が子供たちに日々の行動でそれを実践し、代々続いているからではなかろうかと。人類の恒久平和を願い、ヤチャグンバを世界中の為政者たちに贈って日々愛飲してもらうようにすれば…、世界平和！　である。

明かり点せる幸せ

二度にわたる大地震に見舞われて、柏崎刈羽原発を擁《かか》えた県民は、官民挙げて戦々恐々とした。いち早く泉田裕彦知事は与野党全県議の総意を踏まえて国および電力会社に、絶対確実な将来への保障がない限り、柏崎刈羽原発の発電開始は認められない旨声明を発表したのは既にご承知のごとくである。

東京電力の初代社長で通産省原子力発電所安全基準委員会会長だった本県出身の故高井亮太郎氏、彼はこの老爺《ろうや》と同郷加茂市の出身で加茂小学校、三条中学校の大先輩。しかも叔父筋に当たり、本県きっての大立者だった。

わが国で最も地盤の弱い火山帯の上にあるような新潟に、何であんな大きな原子力発電施設を造らせたかと、後悔の臍《ほぞ》を噛《か》んでいるに違いない。ましてや、柏崎刈羽原発施設の直下にマグマに通じる活断層が走っていると国の調査で判明した由、一刻も早く柏崎刈羽原発を永久に休止し、全国に先駆けて風力発電、ソーラー発電にこの際大転換されてはいかがなものかとご提案いたします。幸いにして本県は、全国一の長い海岸線と延々と続く砂丘台地を有し、ソーラーや風力発電施設を設けるにはうってつけの国有地を有している。

しかし残念ながら、祖国日本は欧米先進国に比べて格段の差でソーラーや風力発電の実施が遅れている現状であるが、その大半の責任は国や皆さま方発電所にあるのです。平和国家日本の象徴としての自然エネルギー国家の構築を、世界一の研究陣、技術陣を総動員し、今こそ祖国日本、それも本県からまず目指す早急な政策方針が望まれ、泉田知事、県議会議員諸氏の今後の具体的なエネルギー政策にご期待申し上げる。

電力とこれまで全く無縁だったヒマラヤの秘境ムスタンで、しかもこの老爺が、貧しい村々にソーラーパネル発電を一歩一歩進めつつある。全国各地の篤志家のご寄付と個人のご支援だけを頂戴《ちょうだい》し、建設運営するMDSAガミ病院は、ソーラーパネルだけで全病院内の電力が賄われ、新潟県ふれあい基金のご支援でレントゲン機器を導入し、ささやかながらも全病室に文明の灯を点《とも》すまでに至った。もちろん、日本のそれとは比べものにならぬ電力量で、曇りの日が二〜三日も続けば忽《たちま》ち停電に陥るのだが、風呂も暖房もないムスタンではこれでも十分ありがたいのである。（乾燥高冷地で風呂の習慣がなく、焚《た》き物は薪《まき》が貴重で、普通の家庭では主に乾燥させた家畜の糞《ふん》を燃やし煮炊きに使いながら暖をとる）

文明が如何《いか》に進歩しようと文明のありがたさを感謝せず、湯水のごとく浪費を貪《むさぼ》れば後で大きなつけがジワジワと忍び寄ることは必至。祖国日本の現状を憂い、老骨に鞭《むち》打って各地でハッパを掛けている。

野獣の宝庫

雄大なヒマラヤ山脈が国土の東西に連なるネパールは、小国ながら平地と山岳地帯の標高差が数千メートルで気候変化に富み、野生動物の宝庫といっても決して過言ではない。動物園で皆さまがご覧になる一見おとなしい象。東部ネパールでは野生の象が群れをなして横行し、農作物に大変な被害をもたらしていることを知る人は少ないだろう。象の群れが通った跡は一面、農作物は滅茶滅茶《めちゃめちゃ》になぎ倒されることは勿論《もちろん》である。しかしその〝野象〟も、農民に飼い慣らされると物資の運搬に大活躍してくれるのだから無下《むげ》に目の仇《かたき》にするわけにはいかない。インド国境沿いのチトワンタイガートップは、象の背に乗ってあの辺りにしかいない一角サイやトラを自然のまま見物できることで有名だ。

今から二十年ほど前、私はラメチャップ（地方の村）の山路で野生のトラの赤ちゃんを拾って、そこの郡長さんに届けたことがある。郡長は大喜びで早速頑丈な鉄格子の檻《おり》を作り、専属の飼育人をつけて学校の子供たちや村人に見せていたが、はじめは可愛《かわい》い猫のようだったのが三カ月もすると忽《たちま》ち野生の本性を発揮し、餌付けの作業員も恐れをなして近寄れず、やむなくカトマンズ（首都）の動物園に寄贈した。あのトラがもし今生きていれば二十歳で、百獣の王としての風格をほしいままにしていることであろう。

あーそうそう、三十メートルほどもある大蛇の抜け殻を、ジャナカプルやネパールガンジーの農場で見てゾッとしたことがあるが、あの大きさの尻尾《しっぽ》で叩《たた》かれ巻きつかれたらトラも猪《いのしし》もひとたまりもないだろう。

山岳地帯の王者は狼《おおかみ》である。冬から春にかけて、ウサギやリス等の野生小動物が冬篭《ご》もりすると、群れをなして獲物を求めては人里を襲い、山羊《やぎ》や羊はおろか、時には牛、馬まで食い殺し、村人たちを恐れさせている。

今から十数年前のこと、禁断の秘境ムスタンを取材した当時のＮＨＫプロデューサーが、ムスタンの村人たちに買わされたチベット狼の子を日本に持ち帰り、大阪の天王寺動物園に寄贈した。しかし某新聞社に書き立てられ、それに輪をかけて野生動物の保護を訴える見識者らから非難を浴びて窮地に陥ったことがある。あの時、彼が狼を買い上げてくれなかったら、たちどころに殺されていたのであるが…。

子供の狼はその後、同動物園で大切に飼育され来園者を楽しませてくれた後、数年前に天寿を全うしたと園の担当者に伺った。彼こそ実は野生狼の保護の大功労者であったことを知る者は、私以外にはいない。

木々の枝から枝へ飛び移る獰猛《どうもう》な山猫やレッサーパンダ、さらにはジンギスカンが中近東へ遠征の折に乗り捨てた病馬や故障馬の末裔《まつえい》といわれている、ムスタンやドルパの平原を疾風《はやて》のごとく駆けめぐる野生馬の大群など、いろいろな野生動物をこの目で見ることができたのもネパールに暮らすおかげで、ぜひ皆さまも一度お訪ねくだされ。

ギョーザ事件に寄せて

このたびの中国製ギョーザ中毒事件は、〝惰眠を貪《むさぼ》る日本国民に下った神様からの警告〟に違いない。

一体何がどうなってこんな悲惨な事態に陥ってしまったのか。まず考えられる原因の一つに、輸入に頼っているわが国の食料自給体制のお粗末さがある。

昭和五十一年、私が初めて国際協力機構（ＪＩＣＡ）の果樹専門家としてネパールに渡ったころの日本は今から思えば農、工、商、各分野においてアメリカと共にその頂点に立ち得て世界中から注目されていたころであった。特に農業部門では、国土が狭いながら四方を海に囲まれた島国ならではの豊かな気候風土に恵まれ、その黄金期の真っただ中を迎えたはずだった。それから三十年、世界は大きく様変わりし自然破壊、環境問題が大きくクローズアップされ、石油に代わるエネルギーの開発に各国は必死である。自動車産業や他の工業界の景気とは対照的に農業の衰退は目を覆うばかりだ。山村地帯と都会の格差は広がる一方だ。確固とした農業の理念もないまま、歴代の農業官僚たちの机上の空論での強行が主因であろう。

学校給食制度が世界屈指のわが国は、ひとたび小麦やトウモロコシが世界規模で不足してくると、途端に支障をきたす羽目にもなろうというもの。中国からの冷凍輸入食品の安全性が問題になり、ここに来て初めて大慌てしているのである。

老人介護で忙しく、仕事を持つお母さんたちも大勢おられましょうが、大切な子供たちの食事を簡単な冷凍食品で省略してもいいのですか。愛するご家族に、氏素性の分からぬ安易で安価な他国の冷凍食品を手間をかけず食卓に供するのですか。それぞれの地域で採れた鮮度の高い農水産物を、毎日の学校給食や三度の家庭料理に日常から用いてさえいれば何の恐れもないことである。さらにこれを契機に、今後はすべての農林水産物にできるだけ農薬を使わせない方針を打ち出し、世界一安全な農業王国日本を官民挙げて目指すことである。

帰国するたび、見事に耕地整理が整った水田を車窓から見るにつけ、稲刈り後そのままにしているのをもったいなく思う。一面にレンゲ草を植え、北海道の酪農地帯の家畜の飼料をまず国内で自給させることがなぜできないのであろう。日本中の田んぼが年中緑に耀《かがや》いているだけでも、自然環境破壊が随分軽減されるのである。農業の担う重要な役割はもっと大きく取り沙汰《ざた》されるべきであるが、どうもその分野での政策と農業現場での指導が希薄であることは間違いない。

橋本龍太郎さんの思い出

私より十五も年下で慶応ボーイのころから剣道と登山が大好き、ネパールをこよなく愛し、私が国際協力機構（ＪＩＣＡ）を退くまで三十二回も訪れたのが自慢であった橋本龍太郎氏。カトマンズに滞在中の私に早朝、「お元気ですか、今私は素振りを百本こなして帰ったところ、これから食事でもご一緒しましょうよ」とネパールで屈指の豪華ホテル「ソルテーオベロイ」から電話を頂いたこともあった。

　当会の相談役として時々私の講演会場に花や祝電を送ってくださり、外務、農林、旧郵

政省さらにＪＩＣＡなどへのお願い筋を了承頂け得たのは、恐らく当時の内閣総理大臣・自民党総裁の橋本龍太郎氏のご加護があったからに違いない。
　かつて日・中・ネパール三国登山隊がエベレスト同時登頂に成功した時の総隊長としてベースキャンプで采配《さいはい》を振るったことで、「ヒマラヤ連峰の山々を荒らす張本人」として野口健君に叩《たた》かれ、その好例に引き出されたことがあった。橋本龍太郎の名前入りの空き酸素ボンベが、仰々しくポカラの山岳博物館に展示され「困った。困った」とこぼしておられたのも、今は懐かしい思い出である。
　しかしネパール山岳会長の配慮であろうか、同国でボランティア活動を何十回となくやってこられた橋本氏の

あの空きボンベがやがて撤去された。日本人としても、ネパールに長年暮らす非政府組織（NGO）の古株としても誠に喜びに堪えない。あえて言わせてもらう、「野口君、きみが日本の登山隊のマナーの悪さを指摘してこれを改めさせようとする意は大いに結構、しかし何で橋本氏なのだ。一国の総理だった人物の、しかもネパールをこよなく愛し、足繁《しげ》くネパールを訪ねてやまないほどの橋本氏の名を出さねばならなかったのか」。

私の知る限り、橋本氏は他の政界の領袖とは一味違って最後まで孤独な人、純情な少年のような思考の持ち主であった。利権には恬淡《てんたん》として遠ざかり、決して股肱《ここう》の部下を養おうとしなかった。

朝食後の一こま、冗談交じりで私は言った。「橋本さん、そのテカテカ頭さえやめてくれたら、申し分ない人だが」と言うと、彼はすかさず笑いながらこう答えた。「近藤さん、私はいつまでも若々しい慶応ボーイでいたいんです」と。

在世中は私に劣らずネパールを、ヒマラヤをこよなく愛し続け、六十八歳の若さで世を去った橋本さん、どうぞあの世でも頭髪をきれいに撫《な》で上げ、いつまでも若々しいままでお過ごしください。本当に長い間お世話になりました、私もあと十年か十五年後には貴方《あなた》のところに参上し、今は王政解体となった新生民主国家ネパールについてご報告致しましょう。

コーヒーに砂糖三杯

私は甘いものが大好物、いつもコーヒーには砂糖をたっぷりと三杯入れ、アイスコーヒーなら出されたシロップを一人で全部グラスに注ぎ込むから日本に帰ると笑われる。しかし三十数年前、ネパールに行くまでは、砂糖一杯で十分にコーヒーを愛飲していたのだから変われば変わったものである。「そんなに砂糖を余計に入れて飲むと、近藤さん糖尿病になるよ」と、周囲の誰もが心配してくれるが、その点は大丈夫。私は七十歳から十七年間、ムスタンの大農場で働いてきたにもかかわらず、血糖値や血圧は全く正常である。ヒマラヤ山麓《さんろく》を開拓した農場内では、スタッフたちに大声で声を掛けないと聞こえないため自然声も大きくなり、日本各地での講演会ではマイクなしで立ったまま一時間でも二時間でも平気で話し続けることも多々ある。

実は私がコーヒーに砂糖を三杯入れるまでに至るには、貧しいネパールの山村風習が大きく影響している。インド国境近くの農村地帯では砂糖キビが大栽培されるため、砂糖は数少ないネパールの輸出農産物の代表でありながら、極貧に泣く山村部の村人たちにとっては何よりも貴重な食品である。

この観点で村々を訪ねてみて驚いたことがある。カネ壺《つぼ》は妻に任せても、砂糖壺だけは一家の主人の枕元近くに置いて、子供たちや盗難者を恐れて監視の目を怠らない。それ故、朝な夕なに愛飲するネパール茶を、特に貴人を歓待する意を込めて砂糖をドッサリ入れてもてなすのである。これには初めは閉口したが、間もなく甘味のうすいネパール茶が出されると物足りなく、しかも軽く見られたようで些《いささ》か腹立たしくもあり、次第にあまーい、あまーいお茶にいつしか慣れてしまった。

私が幼いころ、おやつのお菓子が切れた時などには、祖母がよく黒砂糖の塊をくれたことが今でも懐かしく思い出される。さらに祖母からは苦いもの、辛いもの、熱いものは幼い子供には毒だとして、一切与えられずして幼少年期を過ごした。祖母の厳格なしつけの下で育ったため、幸か不幸かついにこの年まで早春の味覚として珍重される「ふきのとう」の味わいも、辛い中華料理も韓国料理もいまだに覚味することができないでいる。おまけにもう一つ、講演の旅先でラーメンを注文してもすぐにはしをつけられず、出されたコップの水と氷を一気にどんぶりに注ぎ込む。すると「氷割りラーメン？」と、いつもHさんが首を傾《かし》げて笑う。

祖母の食生活のしつけが、八十六歳まで延々と続いている訳である。しかるに幼少年期の家庭教育、しつけの有無がその子供の一生を左右する重大な鍵となることを世の親たちは決して忘れてはならない。

いじめっ子、いじめられっ子、荒れる子、あるいは無気力など、すべて親の幼児期のしつけ次第であると断言してはばからない。国を挙げていかに教育基本法を立派につくり変えたとしても、「時既に遅し」の感である。

田植えに寄せて

全世界的に小麦やトウモロコシが近年不作であることと、ガソリンに代わる自動車燃料を各国がしのぎを削って開発中であることなどで、需要の急増とともに、今後急激にこうした穀類が不足する見通しであるという。食糧不足が世界中で叫ばれている今日、何で日本政府は米作りをもっと奨励しないのであろうか。今この時でも途上国には、貧困や大災害で飢えや病気に泣く人々が救いの手を待っているというのに。

米寿近い私であるが、世界の極貧国の一つ、ネパールで最も秘境と呼ばれるヒマラヤ山麓《ろく》裏側のチベットに近い高冷地を七十歳から開拓してきた。強風、乾燥、寒冷などの自然環境厳しい同地で、有畜農業を進めながら二百五十ヘクタールを造成し、今ではさまざまな野菜、果樹、米の栽培技術移転も浸透しつつある。

一年の三分の二を異国で暮らす私が、祖国日本の五月、田植えの光景を思う時、それは郷里の山河にはぐくまれた豊かな水を満々と湛《たた》えた、文字通りの水田と新緑美しいのどかな山里である。皆さんが何気なく目にする田植えの光景こそ実は、何物にも代え難い、平和を象徴したありがたいものの一つではないだろうか。

米作農家の皆々さん、減反や作付け制限、転作強制という愚かな農業政策を今こそ打破して、作れるだけ米を作れるよう、この際農政の大転換をさせてみようではないか。十ヘクタール以上の大規模農家のみに米作特区の恩典を与えて許可するというのは、農林省の愚策以外の何物でもない。

第一、大穀倉地帯の蒲原平野ならいざ知らず、全国の農村地帯でこの恩典に浴し得る大規模農家が一体何戸あるというのであろう。殊にこの作付け制限の悪法の最大の被害者は、山間僻《へき》地の零細農民だったはず。いっときも早く彼らに救いの手を差し伸べなければ、山の田は年ごとにアシやカヤが茂って、瞬く間に荒地と化し、これを元に戻すためには何倍もの時間と労力がかかるに違いない。そして、やがて最高の品質を誇る魚沼米も岩船米も姿を消し、過去の「伝説米」にもなりかねないのだ。

今なら、まだ間に合う。国がなさないのなら、県や農協でブランド米に奨励金なり、助成金を出したらいいではないか。

ムスタンの田植えも皐月《さつき》初旬。「新潟県のコメ」を将来的にも守り抜き、かつての農業王国新潟を再び死守していただきたいと、はるかネパールの辺境で老爺《ろうや》は願っている。

鳥の話

ネパールでも最近は首都カトマンズやポカラその他の大都会周辺の建築ラッシュで、宅地造成も急激に進みつつあるものの、国土の東西に大ヒマラヤ山脈を頂く山国だけに野鳥の宝庫でもある。

数年前のテレビ放映でアネハ鶴のヒマラヤ越えをご覧になり、いたく感激された方も多かったことであろう。毎年決まった時季にシベリアから何千羽、何万羽のアネハ鶴が避寒に南西インドに向かってヒマラヤ山脈を越えてゆく。しかも、その通り道がムスタン地域開発協力会（ＭＤＳＡ）の農場上空である。鶴の写真家で知られる釧路の林田恒夫氏があの放映の前年、九月下旬から十月はじめにかけて私どもＭＤＳＡが営むシャン農場の管理棟の屋根から撮られた。同氏は早朝から夕方暗くなるまで幾日も幾日も通いつめ、ついに撮影にこぎつけたという永久に語りつがれる秀作である。

鶴は春暖と共に再びシベリアに戻るのだが、その時は中近東の上空を天翔《か》けるので決してネパール上空は飛ばないのである。

鳥葬で知られる大鷲《おおわし》の大群が動物の死臭に群がる壮絶な眺めもまた、一度見たら生涯決して忘れることができない眺めである。信仰上の理由から牛馬の肉は決してネパール人は食べない。農耕の用を果たせない老衰した牛馬が、死期を悟って山野にさまよっていると、どこからともなく大鷲の大群が舞い降りて襲いかかり後に残るのは骨ばかりとなる。

今は法律によって禁止されている鳥葬である。山地部族によっては死者の骨肉を細かく切り刻んで空高く撒《ま》き上げ、それを狙って上空に舞っている大鷲の大群が地面に落ちるまでについばんで精霊は見事成仏するのである。

「ダーフェー」はネパールの国鳥で、雉《きじ》によく似た美しい斑紋を両翼に有する野鳥である。これも今は捕獲を禁止されているが、時々現在も山路を旅していると、群れをなして大空を飛び去って行くのを見かけることがある。昭和五十一年、初めてネパールへ国際協力機構（JICA）の果樹専門家として赴任した折、今は亡き政府の高官からもらったダーフェーの剥製《はくせい》がカトマンズオフィスの陳列棚に飾られており来客を驚かせている。

一方、ムスタンで野鳥の被害が予想外に大きいのが悩みの種。淡水魚の養殖池に群れをなして防鳥網などものともせず、襲い掛かる水鳥の大群、あるいはヤギやメンヨウもわしづかみにして天空に逃げ去る大鷲、さらには収穫直前の野菜や穀類をまたたく間に平らげて飛び去るカラスや雀《すずめ》の類《たぐい》等々、しかしこれも豊かな大自然と人間社会との共存共栄の輪《りん》廻《ね》なのかもしれない。

新生ネパール国誕生

平成二十年四月二十三日。暴君ギャネンドラ帝を最後に永《なが》らく続いたネパール王国に終止符が打たれ、共和制民主国家ネパールが第一歩を大きく踏み出した記念すべき佳《よ》き日である。

ネパール国民が敬慕してやまなかった今は亡きビレンドラ先帝を偲《しの》ぶ時、胸うるむを禁じ得ないが、これも憂き世の運命と思えばせんすべもない。

当日午前十一時を期して、全ネパールの市町村民が津々浦々に至るまで、こぞって祖国の新たな発足を祝って大行進したのだ。長年ネパールに身を置く私にとっても、誠に喜ばしい限りである。

毛沢東主義革命を目指し、王政廃止と平等社会の実現を目論《もくろ》んで次第に台頭した神出鬼没の武装勢力マオイスト軍団。年を追ってトリブバン大学の学生はじめ多くの若者たち、山岳地帯に住む貧しい農民たち、カースト制度の底辺で差別に苦しんできた人たちなどを巻き込んで、たちまちにして一万人近い血気旺盛な大軍団に膨れ上がったのである。

これに対して武器弾薬を備えて、最終的には政府軍八万人、警察隊四万人の計十二万人にのぼる政府軍が、何故《なぜ》一万人足らずのマオイスト軍の軍門に降《くだ》らざるを得なかったか。その原動力となったのは、貧困から逃れることができないでいる民衆、地方の農民たちの怒りの結集が、マオイスト軍団に引き付けられたことが十分察知される。

先帝ビレンドラ国王の親任厚く四度宰相の印綬《いんじゅ》を受けたG・コイララ前首相が、この度は真っ先にギャネンドラ（最後の国王）国王弾劾の急先鋒《せんぽう》に立ったのには、先帝の死に纏《まつ》わる、王室内の忌まわしい一族抹殺の悲話と決して無縁のものとは言い切れないように思われる。また、私が最も心を打たれたものは、学友の屍《しかばね》を次々乗り越え十年の長きにわたり、マオイスト軍にはせ参じて戦った大勢の若者たちの憂国の至情である。

同世代の日本の若人たちは今、果たしてネパールの若者のような勇気を持ち合わせているであろうか。残念ながら誠に寒心に堪えない次第である。

十年間の永きにわたる戦いの末、共和国家ネパールの発足にようやく漕《こ》ぎつけた陰に、この日を見ずに散っていた二十代前後の若者が余《あま》りにも多かったことを私はこれからも忘れることができない。

ヒマラヤ異常気象の表れ

七十歳からヒマラヤ山麓《さんろく》のムスタンに単身移り住み、はや十七年になる。

これまでは年間降雨量一〇〇〜一五〇ミリの極端な乾燥地帯であると日本各地での講演会でお伝えしてきたのであるが、このところ、ムスタンの気象状況に異変が起こっている。週に二、三度、これまでになく午後から夜間にかけてわずかながら雨が降るようになった。貧しい寒村の村人たちは、ライ麦や裸麦の発育が良くなり大喜びであるが、この老爺《ろうや》は農学者の端くれ、異常気象の表れと見れば心配でたまらない。

シベリアからインドへ避寒に渡るアネハ鶴の大群をムスタンから眺望できる時期は、例年九月中旬から十月上旬ごろまでであった。しかし昨年は十一月上旬に、しかも一挙に「ヒマラヤ越え」が行われてしまった。九月上旬に世界中から集まって来た多くのカメラマンたちは、待てど暮らせどアネハ鶴の姿が見えず、とうとう十月末にほとんど帰ってしまったその後、十一月に大挙して姿を見せたのである。鶴の生息地帯の温暖化の影響であろうか、春雛《ひな》も、例年ならムスタンを休憩地としてしばしとどまり、ソバの落ち穂を群れてはついばむ姿を楽しく見られたものを、いささか物足りない。

コオロギはムスタンでは六～七月ごろ鳴き始めるのだが、今年（平成二十年）は四月中旬にその恋の囁《ささや》きを耳にし始めた。

さらにである。ムスタン郡の中央を貫通するカリガンダキ河（黒い川の意）の水量が目に見えて増した。毎朝八時、農場に行くためにその激流を馬で渡るのであるが、例年五月末ころは乾期のため、馬脚の半ばまでしか水に濡《ぬ》れなかったのが、今年は愛馬の腹まで濡れる始末。私は両足を鐙《あぶみ》から外し、危険を覚悟でその河を横切らねばならない。これも地球温暖化による、ヒマラヤ氷河の融雪水と降雨の増加の影響であろうか。

かくしてムスタン地方も平和な農村ながら、地球規模で排出される先進諸国の温室効果ガスによる「つけ」を免れないのである。

知人で登山家の三浦雄一郎さんも、この度のエベレスト登頂で氷河がゴーゴーと音を立てて解け出しているのを目の当たりにされたそうであるが、ましてや長年ヒマラヤ山麓で大自然相手に農業を進める身には、事は重大である。一時も早く世界中で知恵を絞って手だてを講じる時にきているのである。

ムスタン天国

「ムスタン天国」。決してムスタンが高地だから私がこう呼ぶのではない。

シベリアの寒風が吹き荒れる十一月下旬から二月下旬までの厳冬期間を除けば、三月初めから十一月中旬前後までは日本のようなむし暑い夏がなく、むしろ暮らしやすい。空気は頗《すこぶ》る乾燥して清々《すがすが》しく、汗を流すということはほとんどない。年間降雨量は一五〇ミリ前後の乾燥地で、年間を通じ強烈な太陽光線がサンサンと差し込むが、夕方から深夜にかけて、また朝方は著しく気温が低下する。昼夜の温度差が大きく、果物（リンゴ、ブドウ、アンズ）や果菜類（メロン、スイカ、トマト等）の糖度は上がり誠に美味となり、コスモスや矢車草などの花の色は頗る鮮やかである。

山すその荒れた台地を開墾し、総合的な有機農業を進めて十七年目である。ニルギリヒマールの標高は七、〇六一メートルで、ヒマラヤ連峰中必ずしも高山とはいえないが、その山頂はいまだ誰一人寄せ付けないでいる。これまでにエベレスト登頂に成功したことのある世界屈指のクライマーたちが、何人もチャレンジしたものの難攻不落の山。ネパール政府は神の山として今は入山を許可しないので、永久に俗人の汚れを知らぬ処女峰であり、凛《りん》として屹立《きつりつ》する美しさは他に類を見ない。

太古の昔、地球の造山運動によってヒマラヤ山脈が形成されて以降、ただの一度も開墾されたことがなく、大小の石礫《れき》で覆われた不毛の大地が果てしなく続く。日本にはない壮観な眺めで、野生動物や鳥獣類の宝庫でもあり、まさに天国に最も近い別天地なのである。

そして今、ムスタン地域に異変が起こっている。チベット自治区の首都ラサからの延長上で、ムスタン・ガミ農場付近にまで南下する自動車道建設が、恐らく中国政府の援助と思われるが進みつつある。

ここに暮らすほとんどの人々は、チベット高原やヒマラヤの山々に源を発する深い谷を縫うように下る川の辺をわずかに耕し、ソバやアワ、ライ麦等の雑穀の自家栽培と、冬季間の出稼ぎとで生計を立てている。近年は当会の農業開発支援で農に対する意欲が向上し、出稼ぎをやめて開墾に励む若者たちが年ごとに増えつつあり嬉《うれ》しい限りである。

そう遠くない未来に、秘境ムスタンの地が、ネパール屈指の豊かで平和な桃源郷に蘇《よみがえ》ることであろう。

父と子の旅

先日、夕刻に日本事務局本部の原さんから次のような電話がムスタンの老爺《ろうや》に掛かってきた。「先生お元気ですか、ところで新発田の酒造会社社長高澤大介さまから、八月初めに中二の息子さんと一緒に先生の農場にお訪ねしたいと、お電話がありましたが都合はいかがですか」との問い合わせである。

高澤氏とのご縁は、当会の岐阜支部長の紹介でご挨拶《あいさつ》方々会社にお伺いしたのがきっかけである。その時の若々しい高澤社長の風貌《ふうぼう》を思い浮かべ、「どうぞお待ちしております」

と返事をしてもらった。聞けば、去る二月十日にテレビ新潟で放映された私のドキュメンタリー番組や著書をご覧になり、秘境での奉仕活動をご理解下さり、ご入会いただくほか、所属のロータリークラブでの講話にお招きいただくなど、温かいご支援を頂戴《ちょうだい》しているという。

この度は、わが子の社会勉強のために父親の立場で、お盆前の酒造会社が最も忙しい時期に、幾日も会社を空けてはるばるムスタンまで六千キロの大旅行を決断された。

時を違えるが今から十二年前、当会新発田支部同志のご支援でムスタンに素晴らしい学校が寄贈された。その開校式に出席するため、同支部長ほか十数人の方々がムスタンをお訪ね下さったのも八月であった。そして一行の中に、ちょうど年格好の同じ手島勇平さん（当時聖籠町教育長）父子もおられた。

雄大なヒマラヤ山麓《さんろく》の大自然のもと、標高三、八〇〇メートルに建設したジョン小中学校の村人総出の開校式や、秘境の人々の暮らしに触れるなど、日本にいては生涯体験できぬことである。それらの経験を胸に手島さんの息子創君は、きっと今ごろ立派なたくましい青年へと成長したに違いない。

遠い昔の老爺の幼少年期を思い起こしてみると、父親はただ怖い存在であり、話もろくにしないまま過ごしたものであった。

高澤氏も手島氏も、愛する息子に社会見学の機会を与えてやりたいと願う親心、父子の絆《きずな》を深めることが重要だと悟られた賢い父親である。日本中の親たちがこのような考えで子供たちと一緒に旅することを心掛け、接してきたならば、もっと平安で心豊か社会になっていたに違いない。

現在、ネパールまでの直行便はないため、関西国際空港または成田空港からタイ国際航空でバンコクで乗り換えると、翌日昼すぎにはネパールの首都カトマンズに到着、トリブバン空港で当会の日本語の上手なスタッフが出迎えお世話する。翌日ポカラまで国内線に乗り継ぎ、さらに翌早朝、晴れれば七千メートル級の山々の間を小型機で縫うようにして飛ぶこと三十分、ようやくムスタンへとたどり着けるのである。アメリカ、ヨーロッパなどの名所、遺跡への定番旅行と懸け離れた、ムスタンならではの素朴で番外な旅がこの夏父子を待っている。

ムスタンの子供たち

日本の子供たちが放課後塾に通ったり、テレビゲームに夢中になってたりしている時、ムスタンの子供たちは学校から帰るとすぐヤギやメンヨウのための青草刈りをし、水くみをし、弟や妹の子守をし、夕食のためのデロ（そば粉をお湯で練っただけの、日本の昔のスイトンのような主食）の粉挽《ひ》きをする。夕暮れに親が野良から帰るころにはデロも出来上がり、家の内外の掃除なども終えている。

ムスタンでは児童福祉法などは関係ないため、このような家事の一端を子供のころから受け持ち、実によく働く。子供は子供なりに、老人は老人なりにそれぞれ分担して家中で働かなければ食べていけない貧しさなのである。

当地の学校事情は十一月中旬から二月中旬までは極寒期で吹雪のことがままあり、暖房設備が皆無のため三カ月間は冬休みである。学校でも地域でも、上級生は幼い子供たちを親や教師に代わって善導し庇護《ひご》するのである。特に申し上げたいのは、日本のようなイジメはここに来て以来見たことがない。

通学路は途中危険な崖《がけ》や川を横切らなければならない個所もあり、上級生が下級生を背負ったりかばったりして、強い北風から守るように集団登校するのを見るにつけ実にほほえましく、また胸が熱くなる思いである。日本では避けて通るであろう牛糞《ふん》や馬糞も、山に薪木《まき》のない悲しさ、子供たちはそれらを道すがら背籠《かご》に拾い集め、家に持ち帰り土間に積み重ねて乾燥させ煮炊きのための燃料として、あるいは暖房に使う。貴重な自然資源である。

ムスタンの学校は小、中学生が一緒に学ぶ

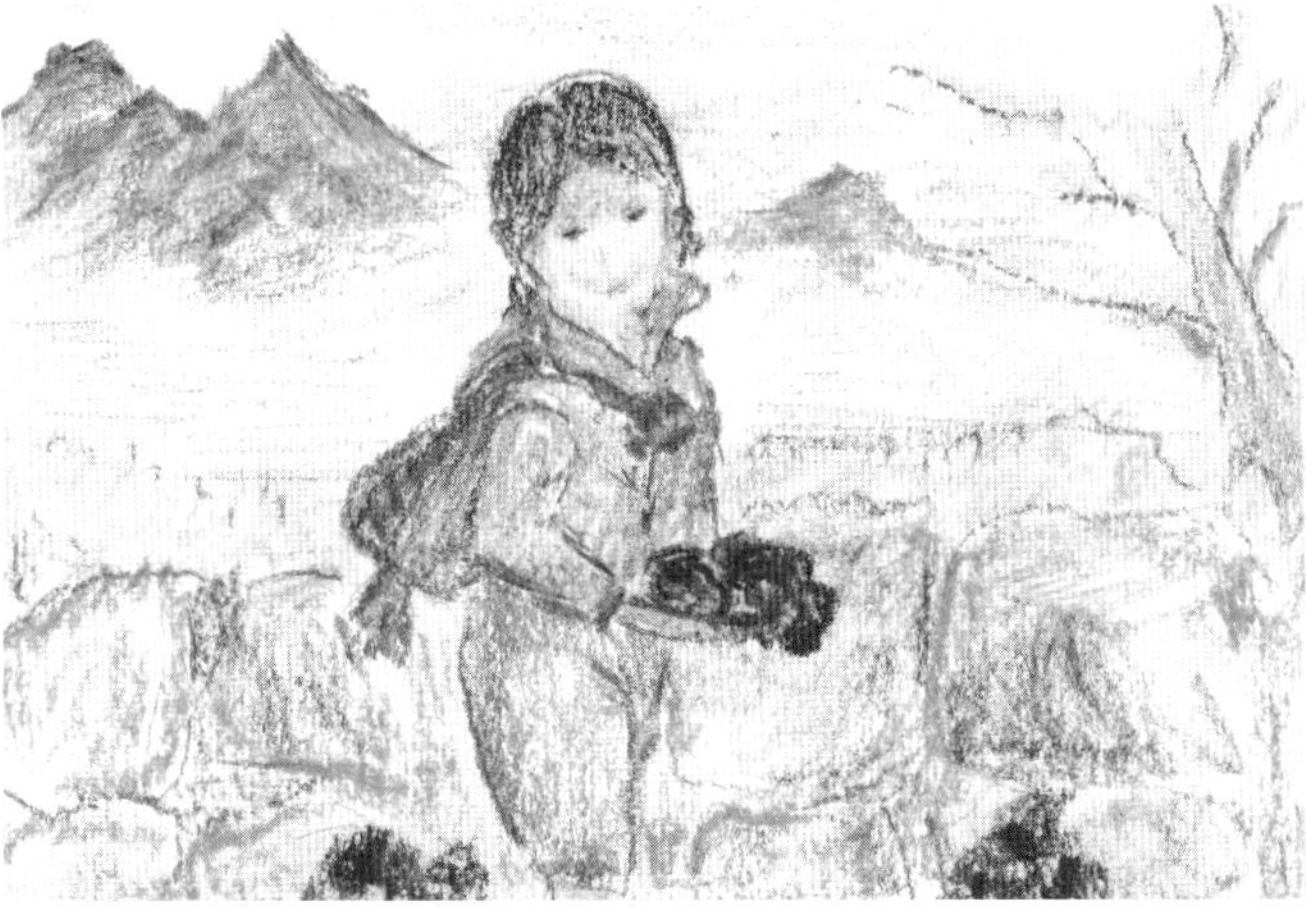

糞を拾う少女

しかし、昨今では当会が不毛の台地を開墾しリンゴやアンズの苗木を植え、それを成長段階で剪定《せんてい》してその枝を焚《た》き物にした。牛糞馬糞は貴重な有機農業肥料として着々成果を上げた。このことに影響され、シャン村、テニ村などの農家でソバ畑の半分に苗木が植えられるようになったのは誠に喜びに堪えない。

数年前からムスタン郡では、母子家庭の子供や孤児らの保護教育のため、チャイルドケアセンター（特殊託児所）を設けている。わたしどもは郡長や地域からの懇請を受け、その子供たち二十数名の食事を朝昼とも支援しているが、この給食費は大変な支出となり資金捻出《ねんしゅつ》に当惑していた。このたび前三条市長の高橋一夫さまに支援をお願いしたところ、多大なご寄付ご協力を頂戴《ちょうだい》した。取り急ぎ末筆ながら、幼い子供たちに代わって心より感謝申し上げる次第である。

麦秋のころ

私の郷里の加茂市では、六月十五日は八幡様のお祭りで近郷近在あげての大賑《にぎ》わいとなり、御輿《みこし》や稚児行列が町中をねり歩き本当に楽しかったものだ。私の誕生日の六月十八日はその最中であり、今もこの時期が最も好きである。あの賑わいは今も続いているだろうかと、異郷で余生を送っている老爺《ろうや》の郷愁は尽きない。そして麦作が盛んだったころ、日本中至るところ水稲の実る秋に負けないほど美しい麦の穂波がサワサワと微風に揺れて、初夏の訪れを告げていた。

さて、高冷地ムスタン地方での水稲栽培は、ムスタン地域協力会の農場以外は皆無で、家族が食べていくだけで精いっぱいの零細農業ではあるものの、ムスタンの耕地という耕地は裸麦、ライ麦、大麦などが作られ、日本の水田地帯に負けず当地ならではの素朴で、しかし豊かな収穫の喜びに沸くのである。そしてこの麦類の刈り取り時期を終えると、息つく暇もなく今度は七月初めから蕎麦《そば》の播種《はしゅ》期となる。機械化などとは縁のない当地方ゆえ、農作業は人力か牛やヤクなどによる畜力である。

ムスタン地方の蕎麦の花は可憐《かれん》な紅色である。荒々しい茶褐色の台地の中にあっては、満開の時には辺り一面ピンクの絨毯《じゅうたん》を敷き詰めたようで、ひときわ美しく素晴らしい眺望となる。

その蕎麦の種まきは麦類の収穫後、脱穀が終わると直ちにその跡地を耕すが、雨期がほとんどない当地方では播種しても晴天続きである。十日か二週間過ぎても発芽せぬことが多く、またあらためてまき直さねばならず、そうなると蕎麦の出来は半減である。それ故、点在するムスタンの村々では雨ごい祭りをして神に祈りを捧《ささ》げ、一時《いっとき》も早い降雨を待ち望む。

かつて私がＪＩＣＡ（国際協力機構）の果樹、園芸の専門家だったころ、農業調査で当地方を時々訪れ、ネパール政府の高官たちに声を大にしてこう進言した。一年中滔々《とうとう》と流れている大小のカリガンダキ川の本支流にダムを造り、本腰を入れて両脇の耕地の灌水《かんすい》になぜ力を注がぬのかと。しかし世界の極貧国の一つ、ネパールの貧弱な政府予算では如何《いかん》ともしがたく無策のまま今日に至っている。

しかしこの数年来、温暖化のおかげであろうか適当に降雨に見舞われるので、土地人は雨請いの心配もなく、雑穀類の出来が非常によくなり村人たちも家畜も大喜びだ。しかし、旱魃《かんばつ》よりもっと恐ろしい事態が刻々近づきつつあるのではと別な心配である。

麦秋の穂波の揺るる辺境にそぞろ偲ばゆ越の山河
天災の迫るを知らで慈雨をただ喜び祝う村人かなし

父子の旅—帰国後の手紙

〈去る八月二日からお盆の十三日の間、農場をご覧になるため中学二年生の俊介君を連れムスタンをお訪ねくださった高澤大介様（新発田市）が日本に帰られると間もなく、次

のような手紙が届いた〉

拝啓　近藤亨先生

このたびのムスタン訪問に際しましては先生はじめ、スタッフの皆さまには特段のお取り計らいをいただき、また大変な御歓待を賜りましたこと、まずもって衷心より御礼を申し上げます。おかげさまで、いろいろな意味で大変濃厚な、かつ有意義な時間を過ごすことができました。ご多用の中、愚息ともどもお手を煩わせまして大変恐縮いたしておりま す。事前にムスタンの資料を拝見してはおりましたが、まさに百聞は一見にしかず、の格言通り驚きの連続でありました。先生が新聞にお書きになられたように、ありきたりの定番の旅ではなく、正真正銘の「番外」の旅でございました。

けた外れの雄大で美しい大自然、純朴かつ勤勉で友好的な人々、とりわけ今の日本では出会うことの少ない礼儀正しく目が輝いている子供たち。またその一方で、ネパールでの社会資本の未整備や法制度の不備などは旅を通して強く感じたところであります。本来これらは、国、自治体そしてそれを動かす政治の担うべき根幹の責務ではありますが、現在のネパールの政治的・経済的状況からしますと望むべくもないものと存じます。

その中にあってムスタン地域におけるＭＤＳＡ（ムスタン地域開発協力会）の活動が、地域の人々が農業できちんと食べていけるよう技術の供与、指導等の支援のみならず、病院、学校そして道路整備などの社会インフラの充実まで多岐にわたっていることなど、まさに自治体がなすべき事を率先して実行されていることを目の当たりにした次第です。

先生が労作にてお示しになられていた何故《なぜ》ムスタンなのか、が貴地にうかがいよく理解でき、小生はその高邁《こうまい》なお志にあらためて心を打たれました。微力ではございますが、今後は継続的に皆さまの活動をお支えして参りたいと意を強く致しました。

息子にはただの観光旅行をさせるつもりは毛頭なく、自分の知らない、とてつもないスケールの大きい自然が世の中にはあるのだ、ということを肌身で感じて欲しかったこと、人の志は一徹に貫けば世の中をも変える、ということを知ってもらいたかったのです。

中学生といえば昔は立派な大人として扱われましたが、現在のそれは、大人の世界に足を入れかけた子供なのであります。この時期にこそ親として子に世界の広さや、世の中の役に立ち、人の役に立つ心の尊さについて考える機会を与えるべきとこのたび、意を決して息子を連れて行った次第です。

現地の近藤先生を支えておられる大西様から、期せずしてカグベニ、トゥクチェ村までご案内いただき、自分の足で風景を変えることを息子は学びました（いずれも往復四～五時間を要する）。彼はカグベニ往復は歩き通したものの、ヘロヘロになり、何と情けないものかと思いましたが、翌日のトゥクチェ復路はペースをつかんだようで、ＭＤＳＡ（ムスタ

農場で働く仲間たち

ン地域開発協力会）のシャン農場にさしかかったあたりで彼は私に「風景は自分で歩いて変えるものなんだね。歩くことは素晴らしいね」と申しまして、ムスタンに連れて来たかいがあったと小生はひそかに喜んだものです。

ＭＤＳＡ農場で見たまっ赤なりんご、美味《おい》しい胡瓜《きゅうり》、立派なかぼちゃ、芳香を発するメロン、元気に泳ぐ虹鱒《にじます》、大地を元気良く駆け回る鶏、また事務所にてそれらの食材でご馳走《ちそう》になった美味しい日本の伝統料理の数々など、あの驚きと感動はどれも忘れることができません。息子にとっては長ずるに、あの時の旅行はすごいものだった、と感慨を深めるに違いありません。

このような機会を与えて下さった先生のご厚意、そしてスタッフの皆さまのご尽力には適切なお礼の言葉が見つかりません。本当にありがとうございました。
本来ならば、お手紙にてお礼を申し上げるべきところでございますが、お聞きするところ九月には一時帰国なさるとのこと。それまでにムスタンにお手紙が届く保証もないことから甚だ失礼かとは存じましたが、メールにてお礼を申し上げる非礼をお許しいただきたく存じます。このたびは誠にありがとうございました。重ねてお礼を申し上げます。末筆となりましたが、先生のますますのご健勝とあわせ、ＭＤＳＡのますますのご活躍、ご発展を心よりご祈念申し上げます。

敬具

高澤大介

至福の時

昔からいわれてきたことだが、人間として一番幸せな生活とは、金でもない。物の豊かさでもない。それらがあまり多くあり過ぎるとかえって煩わしくなり、安らかな心を乱すものらしい。何よりも一番大切なのは、心の平安であることを秘境ムスタンで二十年近く暮らして悟る老爺《ろうや》である。

米寿を迎えて日本を離れ、大好きな専門の果樹栽培に取りつかれ、ムスタンで暮らしながら、リンゴやブドウ栽培に大勢の若者たちの陣頭に立ってなお夢中である。楽しく働いている時は、本当に幸せな老人だと神仏に感謝するのである。

私の毎日の暮らしは、朝八時半には決まって愛馬に跨《また》がり、およそ三十分の距離にある農場へ通うのが日課で、馬に乗ることは適度な運動であるから体も鍛えられる。声量が並外れて大きいのは、広いムスタンの農場で絶えず吹きまくる強風の中を、遠くからスタッフたちにあれこれと指図せねばならず、自然にいつも発声練習をしているわけである。さらに、ムスタンでの三度の食事はネパール人スタッフのサトルさんが担当し、教えた甲斐《かい》あって日本食の調理が日ごとに上達し、農場の野菜類、魚などを使い柔らかく煮込んでくれ、全く歯のない私でも消化良く吸収され健康でいられるのである。食後の日課で将棋の相手をしてくれ、しかも現地で私を補佐くださる大西信司さんがかれこれ二年私に付き合ってくださっている。

しかし寄る年波、身体的な心配が全くないわけではない。右足が時々痛み、動かし難く不自由なのは十年前の脳梗塞《こうそく》の後遺症と思われ、恐らく死ぬまで治らぬであろう。

また一日二箱のヘビースモーカーなので、またがんになりはせぬかと些《いささ》か心配ではあるが煙草《たばこ》はやめられないでいる。平成十八年、新潟大学病院で初期の胃がんの手術が決まり内視鏡による剥離《はくり》術を受けたが、その後の経過も上々で、当分大丈夫の模様。老齢者のがんは急激に進行し難いそうで、何とかこの先十年現役で働けたら申し分なく、まさに至福の平和な余生である。

第三章　山村では山羊が一番

アッパームスタン遠景

山村では山羊が一番（上）

ヒマラヤ山麓《さんろく》の小国ネパールでは、山羊《やぎ》や綿羊の多頭飼育ほど有利な、しかも簡単な畜産経営はないと思う。飼料は雑草や山野に自生する潅木《かんぼく》の葉などで十分であるので餌代はかからず、せいぜいで牧童を一人か二人つけておけば百頭でも二百頭でも十分飼い得る。

何より都市での需要が莫大《ばくだい》で、「ダサイン」の時が最大である。いわば日本の正月にも匹敵するダサインはネパールでは九日間の連休となり、前後の祭日休日を含めると半月もの間、官公庁、学校、商店などが実質的にストップする国民こぞっての祝日である。

牛はヒンドゥーでは神聖な動物として特別に扱われるため、祭りの初日におのおのの祭場に降臨した神様に羊が生贄《いけにえ》としてささげられ人々の礼拝供養を受ける。この日ばかりは父祖の家にみな帰省し、親子親類縁者が集う大家族のご馳走《ちそう》となる獣肉である。

祭り近くになるとチベット方面から何千頭、何万頭もの山羊、綿羊が牧童に連れられながらおのおの群れをなし、国境を越えポカラやカトマンズなどの大都市へ流入される。

例えばその数をそれぞれ合わせて一万頭と計算してみよう。山羊一頭五千ルピー、綿羊一頭が四千ルピーとしても、毎年四千～五千万ルピー（一ルピーはおよそ一～二円）もの巨額がチベットへ流出している計算になる。牧童の労賃はおよそ一カ月一人あたり山羊一頭分程度で、しかもそれらは人間に非常に従順な気質ゆえ飼いやすく、貧しい農家では老人や子供が大抵山羊の係である。そのうえ繁殖力が旺盛で、一頭の雌山羊は二年に一～二頭は必ず子供を産み、雄山羊は雌二十頭か三十頭に一頭の割合でよい。

私が注目すべきは、それらの糞《ふん》である。牛馬の糞は薪《まき》の乏しい農家では干して全部炊事や暖房用の燃料として燃やされるが、山羊、綿羊の糞は小粒で優良な厩肥《きゅうひ》として畑に投入されれば地力がついてくるという点である。

山村では山羊が一番（下）

前回に引き続き、ネパールでは山羊《やぎ》類の多頭飼育が有利であることについて話そうと思う。同じ中家畜でも豚となると汚物をあさって食べるというので、ネパールの上流社会ではほとんど食膳《しょくぜん》に上らないし、肉の単価もけた違いに安い。ネパール人の平均寿命が著しく短い最大の原因が、動物タンパク質の摂取量の少なさにあることが保健省から強く指摘され、都会はもちろん農村でも最近は週に一～二回の肉料理は普通であるという。ネパール全人口およそ千二百万人として、週一回山羊肉を食べる家族があるとする。その家族を多く見積もって十人、山羊一頭を五千ルピーと仮定して計算しても、１２０万頭×３６５

捨てるところのない獣肉

÷7×5000ルピーとなる。実は莫大《ばくだい》な金額の山羊への国内需要があるわけである。

ここでわれわれは山羊を飼うか、綿羊にするか二者択一に迷わされる。この老《ろう》爺《や》の意見としては、標高三、〇〇〇メートルより高冷地では優秀なパシュミナ織（カシミヤ織の原名で、生後一年以下の子山羊の毛で織る織物）を生産できる両者を半々に飼い、冬期間の婦女子の都会への出稼ぎをやめて機織り工場を山村各地につくって通えるようにする。

また優秀な毛質のパシュミナの生産が期待できない二、〇〇〇メートル以下の低山地では高価な山羊一本に絞るのが賢明と思う（大体の相場＝山羊一頭五千ルピー、綿羊四千ルピー）。そして山地では計画的な原毛生産にとどめ、加工工場はデザインや色彩の流行も激しい産業ゆえ、都会周辺に設けるがよかろう。しかし、現在のような公害の温床になるようなことは絶対慎むよう、内務省、工業省は厳しく取り締まらなければならない。さらに牧童たちには、街道沿いの通行人への大事故発生の危険があるので、がけの上には絶対近寄らせぬよう山羊を導いてほしい。

昔は日本でも、特に北海道や東北、北陸の山村では盛んに山羊や綿羊が飼われていたものだが、一部の地方を除いて今はほとんどその姿が見られぬのは誠に寂しい限り。農村の子供たちの情操教育には羊や鶏を飼ってやるのが一番であり、山村をよみがえらせ子供たちを大自然に親しませることが、何より今の日本社会には必要なのではなかろうか。

バチあたり奴が

何という許し難い愚行であろう。世界中で飢えに泣き、救いの手を待ちながら毎日空《むな》しく死んでゆく貧しい人々が絶えないというに。

輸入したコメの中に一部カビが生えたというだけで、農水省は大量のコメを全部焼却処分にさせ、加工食品に農薬や異物が混入しその対処にオタオタしている。われわれ大正生まれの世代にとっては許し難く、愚行と断言するを憚《はばか》らない。農産物の尊さを先頭に立って国民に訴え、指導せねばならぬ要の農水省が、である。

あの敗戦直後の食糧不足の惨状を想起したなら、コメを捨てる、食べ物を破棄するなどもってのほかの行為である。ある一部を除けば、国民が飢えに泣き占領軍の与える僅《わず》かな食糧品で生を繋《つな》ぎ死を免れたのであり、誰もが廃虚から復興に向かって死に物狂いで立ち上がって、戦後の難局を何とか乗り越え得た祖国日本ではなかったか。食の安全確保も重要であるが、あの苦しかったドン底の日々をわれわれは決して忘れてはならない。

〝このバチあたり奴が〟と今、地下に眠るわれわれの先祖が大声で叫ぶ戒めの声に耳を傾けようようではないか。

さて私の暮らすムスタンでは、これまでコメは高価で一部の裕福な家庭でしか食べられなかった。ごく平均的な家庭での主食は蕎麦《そば》やアワ、ヒエなどといった雑穀で、それらを挽《ひ》いて粉にし、そのまま手ですくって食べるといった簡素な食事である。お湯でそば粉を練っただけの「デロ」というのは、いわばかっての日本のスイトンのようなものである。塩で味付けしただけのデロで空腹を満たし、それにごく小さいジャガイモや芥子菜《からしな》といった僅かな野菜が添えられていればまだ上等のほうである。

私どもの会では、学校給食をネパールではじめて久しい。皆さまの温かいご支援で建て

ネパールで初めての給食支援を続けている

た十七校から二校ずつ選んで順繰りに行っている。ネパールは小、中学校がいっしょであるから低学年は揚げパン一枚、中学生には二枚など、学年に応じたパンと野菜いためや果物、お茶、ミルクなどの飲み物を添えるといった献立は、ムスタンでは立派なものである。その食材はもちろん、ＭＤＳＡ（ムスタン地域開発協力会）の農場の生産物を使い、調理専属のネパール人スタッフを雇い、親の負担ではなしに、一〇〇パーセント当会の支援で賄うのであるから継続させ得るのは大変なことでもある。しかもいまだ学校にあがらない幼い子供たちも、お兄ちゃんやお姉ちゃんの傍らに給食を目当てに登校して来るが容認である。

世界的な食糧不足、危機が迫っている昨今、ムスタンの食生活の現状と日本人の食に対する姿勢が対比されるのである。

秘境部族の結婚観

ムスタンの山村を訪ねると一夫多妻、一妻二夫も決して珍しいことではないと分かる。貧しいために一生独身で過ごす者も多い中で、兄弟で一人の嫁を共有することができるなどまだ幸せな方で、決してわれわれは笑う訳にはいかない。

一夫多妻制に至っては、日本でも武家や皇族などの歴史をひもとけば、重臣たちが何人、何十人もの側室を集め、夜な夜なはべらせて家系存続のために苦労していたではないか。ただし、ムスタンでの一夫多妻の理由は全く日本のそれとは異なる。経済的に貧しい家に育った村娘たちにとっては、ただ悲しく痛ましいことばかりとは決して言い切れないのである。金持ちの道楽どころか、ある種の社会救済措置だったのかもしれない。というのは、その娘一族の生活までを保証してやらねばならないからで、大変な出費が付いてまわる。

日本では通常、本妻が絶対的に権力を持つものであるが、ムスタンはじめ秘境の山村においては一番若い「おめかけさん」が権力の持ち主である。年老いた妻は実家が貧しい故に帰る訳にもゆかず、孫のようなめかけの子供をかわいがり、子守をして結構平和的に共存しているのをしばしば見受ける。

また部族同士の結束は固く、子供がある程度成長して大丈夫、育つ、と分かると、周囲の者たちを交えて協議し、幼いころにその家の格式や経済力にふさわしい結婚相手を決めてやり、年ごろになると公然と婚前交際も。足入れ婚の慣習なども今も行われているが、これもわが国の東北、北陸では明治初期まで伝わっていたことと単純に笑うにあらず、である。

一方部族の純血を守るためでもあろうか、異部族との婚姻は厳しく禁止して、もしこの禁を破った場合は村八分にあうか、村から永久に追放されてしまうのである。しかしこの掟《おきて》も教育レベルの高い若者たちほど、そして農村より都会ほど急速に破られつつあるのも現状である。

少し話は変わるが、ムスタンで私は仲人をしたことがある。今から十年ほど前のこと、京都大学在学中であった徳永俊太郎君はムスタンの私の農場に飛び込んできた。彼の尊父は鳥取で有名なホスピスの院長で現在もご活躍なのであるが、当時医学部ではなかった彼がムスタンの現場で何を掴《つか》んだのであろうか。今彼は、当時ムスタン事務所で働いていたニルマラタカリーさんを妻にし、関西で医学の道を歩んでいる。厳しく雄大な大自然のムスタンで過ごした体験を生かし、きっと逞《たくま》しい医師に違いない。

安吾特別賞受賞に寄せて（上）

平成二十年九月一日、ムスタン地域開発協力会（ＭＤＳＡ）定例総会その他の会務で、二カ月の日本滞在予定でネパールから飛行機を乗り継ぎ懐かしい新潟空港に降り立った。老爺《ろうや》を待ち構えていたのは、原千賀子ＭＤＳＡ次長から伝えられた「坂口安吾賞特別賞」に選ばれたとの吉報であった。

「ふる里は語ることなし」。新潟・寄居浜の松林の散歩道に沿って進むと、そう刻まれた大きな自然石が日本海に真向かう。郷土新潟が誇る反骨精神に満ちた異色の作家坂口安吾氏の顕彰碑である。ヒマラヤ山麓《さんろく》の超秘境ムスタンに暮らし、望郷の思いに苛《さいな》まれつつ、不毛の大地の農業開発に余生を送る老爺にとって、旅また旅の疲れを癒やす、ここが一番の気に入った散歩道である。これまで何回この碑文を口ずさんで佇《たたず》んで過ごしたか知れない。

しかし、一九七六（昭和五十一）年から郷里新潟を離れ、遠くネパールに渡った身には「安吾賞」の設立すら知る由もなかったのである。そして原さんからその受賞式の細部を聞くに及んでハタと途方に暮れた。「安吾賞」本賞を受けられる作家の瀬戸内寂聴尼のご都合で、十一月十九日にしか授賞式の予定が組めない由、主催側の新潟市はぜひ私にも何とか都合をつけて出席してほしいとのことである。安吾本賞の賞金は三百万、特別賞は三十万の由。…それはともかくとしても、現地のMDSAの農業開発の主体の作物は当地に最も適した果樹と信じるりんごであり、これまでのムスタンりんごはうまいが、極小玉であるという悪評であった。老爺の摘果、剪定《せんてい》技術の普及で非常に好転しつつあり、特にMDSAのロゴマークを入れ、りんごをカトマンズのスーパーマーケットへ出荷し、今や最高値で飛ぶように売れていることとて、その声価を維持するためにも収穫・選果出荷は特に慎重に指導せねばならぬ一番大切な時期と受賞日が重なるではないか。これまで、その時期は決して一日も現場を離れたことのなかった老爺であるが、やむなくジョムソンの留守を守ってくれている大西信司さん（兵庫県出身、六十一歳）に国際電話で長く打ち合わせ、要点をいろいろ指示し、今秋はネパールのクルバートル君やビレンドラ君たちに一切任せることにしたのである。

そして、シベリアの寒期を避けて南インドの湖に何千羽と群れをなして飛んでゆくあの有名な「アネハ鶴のヒマラヤ越え」が見られないのも誠に寂しい限りであった。その大群は、カリガンダキ川を沿ってムスタンのＭＤＳＡ農場の上空を決まって飛ぶのである。春生まれの若鶴は途中力尽き、ムスタンを中継地として蕎麦《そば》の刈り取り後の跡地に何百羽も舞い降りては落ち穂をついばんで体力をつけ、また徐々に上昇気流に乗っては七千〜八千メートルの上空にまで舞い上がり、本隊の後を追って南の空に消えてゆくのである。

安吾特別賞受賞に寄せて（中）

受賞式に私が出席するため、ムスタンへの帰任を当初の予定よりひと月延長することにした。そうと決まれば、それまでただ漫然と過ごす訳にはゆかず、その間の私の追加日程を調整するのと受賞式の打ち合わせやその直前に設定した私の受賞を祝う会の準備にムスタン地域開発協力会（ＭＤＳＡ）事務局は大忙しである。

それを見かねた荻川事務所本部近くにお住まいの新津支部長の遠山さんは、熱心な支援者がとりわけ多い新津郷のＭＤＳＡ同志の皆さんに呼び掛け、これまでに自ら六回もムスタンを訪ね制作したビデオ放映を交えた大盛宴を老爺《ろうや》のために催して下さった。そして新潟支部長の伝さんの計らいで、受賞会場の新潟市民芸術文化会館「りゅーとぴあ」ホールでの『ネパールムスタン物語』（私の著書）の販売や写真展示のために、彼女の友人知人、アメリカ乙女まで合わせて十人もの協力体制である。さらには新発田支部長の森田さんに至っては、玄人はだしの看板描きで会場内を所狭しと盛り立てて下さった。皆さま方にはお礼の申し様がなく、この場をお借りし心より感謝申し上げる。

さて、さしたる著書も出していない私が瀬戸内寂聴氏の傍らで特別賞など受ける資格があるのだろうかと急に心配になってきたが、新潟市制定の安吾冊子によれば、いわば生きざまに与えられる賞ということであったので安心した。

本賞を受賞される寂聴氏は、その作風でも生きざまでも旧来の日本社会の封建的な枠にとらわれず、自由奔放に貫いた八十六歳。私は農業技術者として、職場や国際社会におもねず、いつも批判の精神を失わず、己が正しいと思う信念は断固貫き通してきた八十七歳。その反骨精神の旺盛さも実社会への貢献度も、実践期間の長さでも、断じて前回受賞の野口健氏や寂聴尼に一歩も譲らぬという確固とした自信を持って生き抜いてきたつもりである。

いよいよ十一月十九日の受賞日。悪天候にもかかわらず川崎や、岩手、平塚などからもわざわざ新潟まで駆けつけて下さる方々やら、ねむの木学園の宮城まり子さんと東京銀座で割烹《かっぽう》を営みMDSAを応援くださる大谷洋子さんが聞きつけて、私と寂聴さんに見事な花束をお届け下さり、抽選で選ばれた入場者（受賞式には二千人余の入場申し込み応募があり、当日の入場整理券はおよそ八百枚だったという）の目を驚かせた。

新潟市の受賞式は夜なので、ＭＤＳＡが主催の祝う会はその直前の二時間。白山会館で堂に溢《あふ》れる会友のご来駕《らいが》をいただき、老爺作詞の神風流詩吟の披露や、三条の凧の歌も飛び出して、皆さまのおかげで本当に楽しいひと時となったのである。

さあいよいよ新潟市主催の受賞ステージの本番である。楽屋に寂聴尼と老爺の控室がそれぞれ用意され、それぞれ入れ替わり主催者側のあいさつの出入りが頻繁である。寂聴尼にお会いするのは、もちろん今日が初めてである。老爺は原千賀子ＭＤＳＡ次長に導かれて舞台裏の緞《だん》幕《まく》脇に立った。

安吾特別賞に寄せて（下）

型通り、主催者である篠田新潟市長のあいさつや選考委員長のこれまでの経過報告の後、いよいよ並み居る候補者の中からついに三百万円の金的を射止めた瀬戸内寂聴尼の登場である。

初めて同女を壇上脇から拝顔し、すっかり驚かされた。米寿近いお年寄りゆえさぞたそがれ近いゆかしい老婆を想像していたのに足取りも軽やかで、また顔の色つやも握手を交わした折の肌もきめ細かくなめらかで、さらに発声法も甘い余韻を残し舌たるみでまるで異性を知らぬ童女のようにあどけない、丸顔のかわいいまでのお元気なお婆《ばあ》ちゃんなのである。新潟市りゅーとぴあ劇場で行われた寂聴尼の記念講演には一時間が組まれており、私は最前列の観客席で聴いていたのであるが、その話術は満堂の聴衆を笑わせながら引きつけてゆく巧みさがある。この人が私と正反対に時代に先がけて愛し児《ご》や夫を公然と捨てて、あの自由奔放な性描写で世間をあっと驚かせた才女なのだろうかと。老爺《ろうや》は唖然《あぜん》としながら、あどけないほどの婆さんを間近に眺めていたのである。

『源氏物語』は文学作品として、平安朝の宮廷の公家の御曹司の女性遍歴の跡を認めた爛熟《らんじゅく》期の日本を代表する名著ゆえ、その訳者として現代の作家、文学者の中ではまさに最適であり、人生の哀歓を知り尽くし悟りをひらいた彼女にして初めて成し得た最近の名著ではなかろうか。坂口安吾の『堕落論』に強く引きつけられ、その教えるところに従って家を飛び出し、小説家として今日あるのはすべて安吾の影響であるとは彼女の言葉であった。

一方老生は記念の盾と賞状を市長から受けた後、お礼の言葉と共に次のように持論を述べた。人生は二度なく、だからこそ最後の最後まで高い理想を掲げ、節を貫き、老幼男女を問わず夢を追う事の大切さを強調して、世界恒久平和の旗手として、祖国日本の再生を祈りつつこの受賞の栄を汚さぬように火の玉となって燃え尽きることを誓って話を閉じた。

この後で主催者側の求めに応じ、今は仏門に入ったあどけない童顔の寂聴尼八十六歳と、壇上でライトを浴び、どぎまぎしながらも何回も握

手を交わしたのである。

平成二十年十月の末、東京上野の文化会館で私の末娘のピアノリサイタルの宵、娘たちの計らいで、ムスタンに私が旅立ったため離婚した元妻だった老女と十数年ぶりに席を並べて演奏を聴いた。お互いに語る言葉もほとんどなくて、手を握りしめて互いの健康を喜びあって静かに別れたのである。いつの日か寂聴尼に再会の機があったら、女史がかつて捨てた愛《いと》し子や先夫との再会を果たしてしたか否か、もし再会したならその折の心境をぜひゆっくりお聞きしてみたいと思う。

岩手の山中に一寺を構え仏門に入った寂聴尼と、家族を捨て祖国を捨ててヒマラヤの山中で桃源郷の夢を追い

続ける農業技術者の老爺と、共に時代におもねらず己《おの》が節を貫き通して生涯を終わろうとする老尼、老爺のめぐりあいであった。

ムスタン国王

ムスタン国王GPビスタ氏は、主要なアッパームスタンの農業地の何割かを所有する資産家である（現在はムスタン王国は認められておらず、旧藩王として代々君臨した最後の皇帝）。チベット国屈指の貴族から王妃を迎え七十四歳の今日まで、一夫一婦制を厳守しているのは異例中の異例というべきであろう。

王妃は、妃の祖国チベットが中国に併合されて以降、共産軍が続々と乗り込み、チベット自治区とは名のみでほとんどの名門貴族は滅亡してしまったので、十五歳で嫁して以来隣接するムスタンから一度も里帰りすることなしに、七十三歳の今日まで望郷の思いに駆られながら、静かにローマンタン（アッパームスタンの中心地で城郭集落都市）の王宮内で暮らしておられる。しかもビスタ国王との間にお子さまが産まれないので、国王の弟の男子を養子に迎えて王家の断絶を防いでおられる。しかし、ネパール政府は国会の承認を得て「ムスタン国王」の称号はビスタ国王を最後として廃止することとした。

さて、その旧国王さまご夫妻を今から十年ほど前、私が日本にお招きしたことがあった。やせても枯れても国王さまをお連れする訳であるから、それはそれは一大事業に違いないのだ。まず、資金である。新潟と新津、東京と大阪の合わせて四会場で、それぞれの中心人物を核にお骨折りいただくことになった。ムスタンを、国王さまを日本のみなさまにご紹介するのは、恐らく私が最初で最後であろう。趣向を凝らした「ムスタン国王夫妻と交流の夕べ」を、いずれの会場でも三百人前後の規模で開催していただくこととて、前売り券を多くの方々から快く買っていただくために、さぞご苦労されたことであろう。お招きする経費を捻出《ねんしゅつ》させる試算や、細かな打ち合わせのために多忙な日が続き、まさか私が脳梗塞《こうそく》に倒れるとは。全く予期せぬ出来事であった。

四月のはじめに予定された「交流の夕べ」の直前、日本で倒れ、しかも当時のネパール国王から頂く叙勲の授与式がその後すぐに私を待っていたのだ。その体でネパールに帰るなんて無茶《むちゃ》だと誰もが止めた。何が何でも動こうと必死でもがき、良くも悪《あ》しくもその結果、右半身が麻痺《まひ》し、車いすで臨んだネパール王宮での叙勲となったのである。勲章を胸に、予定通り今度はムスタン国王さまご夫妻を車いすに乗りながら日本にお連れした。ビスタ国王は、とりわけ佐渡とマリンピア日本海にお連れしたことが印象深かったとおっしゃる。敬虔《けいけん》な仏教徒で、ムスタンで村の平穏と作物の豊作を願い、周囲およそ七キロという城郭の周りを数珠を手に散歩されるのが日課のビスタさまである。新潟護国神社でも小一時間熱心にお参りをされ、なかなかその場を離れることができなかった。ご夫妻は今もムスタンでお元気に暮らされながらも、時折MDSAガミ病院に検診に来られ、近代医学の皆無なアッパームスタンで感謝されている。

植林物語

おかげさまで本欄も間もなく五十回を迎えるに至って誠に感慨無量である。平成十九年五月に始まり一年八カ月が経過した。これまで本紙面をお貸し下さったことに深甚の謝意を申し上げたい。

今回は植林の話。これまで幾度も述べたごとく、ムスタンの北側はチベット国境に隣接し、ヒマラヤ連峰の北西（裏側）に位置し自然条件が大変厳しい。ネパールの南側の平野部一帯には雨をもたらしてくれるインド洋からの南西季節風が、ダウラギリ（八、一六七メートル）、アンナプルナ（八、〇九一メートル）などに阻まれるため、その裏側のムスタンにはから風が吹き、年間降雨量が一五〇ミリ前後という極端な乾燥地帯である。故に灌水《かんすい》（水かけ）してやらなければ草や木は全く育たない。その苦労は、四季折々に適当な降雨に恵まれる日本の皆さまには想像できないことであろう。
なぜその大地で古希を過ぎた私がわずか十七年で、ネパール全土でも類を見ない松と桧《ひのき》を主体とした大植林地造成に成功しつつあるのか。その理由はただ一つ、植物への愛情である。「この苗木に何が最も必要か」を洞察してすぐ手当てを施すようにする緻密《ちみつ》な観察眼である。

ムスタン郡内を流れるカリガンダキ河畔で、えん堤工法により植林地や果樹園を造成してきた。見渡す限り石ころだらけで、幾ら水をかけてもむなしく吸い込まれていく乾燥地。保水力、養分を与え、さらに強風に屈しない成長の速いポプラやヤナギはもとより、松（落葉松を含む）、桧などの強い苗をタネから一粒ずつ手塩にかけて現地で育苗してきた賜物《たまもの》であろう。ヒマラヤ高原のわき水を探りあて、いったん貯水タンクにため、さらに冬季間凍らないように土中深くにパイプを埋設させる工事は、機械がないムスタンでは人の手がすべてで屈強なムスタンの若者たちは実によく働くのである。

これまでムスタンを訪問された熱心な会員の皆さまには、決まって記念植樹をいただき、当初わずかひざ丈ほどだった苗木も今では優に人の背丈を越え、見上げるまでに成長した。

県央のコメリ緑資金をはじめご支援をいただく新潟、田上、新津、村松、五泉、三条、

母子家庭にプレゼントの日

加茂、白根、味方、燕、新発田、豊栄、岩船、長岡、柏崎、上越に至るムスタン地域開発協力会（ＭＤＳＡ）支部の皆さま方にあらためて感謝申し上げると共に、大きく成長した記念樹をご自身の目で再び御覧いただきたいのです。

さらにこれから旅を計画されるのであれば、ただの観光旅行でなしに、不毛の台地に、私たちが住む地球の一部に、緑を増やすのにお金を落とされるのも意義ある使い方ではなかろうかと思われ、皆さまぜひともＭＤＳＡの植林体験ツアーにこぞってお出《い》でくださるよう、爺《じ》さまがムスタンで首を長くしてお待ちしています。

さすればきっと郡内を行き来する夥《おびただ》し

い国内外の旅行者たちも、徐々に緑へと変わってゆく植林地を望見でき、りんご園と並ぶムスタン新名所となり得るであろう。

輸送革命

ムスタン地方を訪れるトレッキングで、旅情を誘われる代表選手は馬（カッチャル）の旅であると誰もが口をそろえて言う。しかし最近になって物資輸送の主軸をなしてきたジョバ（去勢牛）やカッチャル（交配でできたラバ＝ポニーと呼ばれる馬より少し小型で至って温和）などがご多分に漏れず秘境の近代化の波に乗せられて、ジープやトラクター、トラックに取って代えられようとしている。それはテレビやパソコンの普及と共にここ二〜三年で急速に進んできた。殊にムスタン郡都のジョムソンやマルファ村、カクベニ村などの主だった村を結ぶ道の整備が進むにつれ、これまで困難だった行き来も容易になりつつある。

平成二十年からは、ついにヒンズーの聖地ムクティナートからカクベニ、ジョムソン、マルファ、レテ、ガサ、タトパニ、ベニなどの各集落を通ってポカラ（ネパール第二の都市でムスタンへの中継地）までを、ジープかバスで急げば一日か一日半で旅することができるようになった。これまで歩いて数日かかった所をである。これらはすべてアンダームスタン地方の近代化である。さらに以北のアッパームスタン地方でも、チベット国境付近ププ峠からタンガール、キムリン、ローマンタン、ツァランなどの村を結び、ムスタン地域開発協力会（MDSA）のガミ農場まで至る幅十メートルほどの道路が、無舗装ながらネパール政府によって完成しつつあり、まさに刮目《かつもく》に値するというべきである。なおその資金は中国から出ている由、しかし詳細は詳《つまび》らかでない。

アンダームスタンとアッパームスタンの境界は、一般外国人の立ち入りを阻む検問所のあるカクベニ村である。最大の難所サマール峠やサンボチェ峠（いずれも標高四、二〇〇メートル）までは地形上、地質上、恐らく道路拡張工事は不可能と思われる。上り下りが激しく、しかも人の肩幅にも満たない、一方が切り立った岩場、他方は目も眩《くら》むような深い谷の足元は、もろい砂礫《れき》の断崖《だんがい》の道で命が幾つあっても足りない。チベットとムスタンの国境碑のあるププ峠からチベット首都ラサまでは既に延々と道路が完成しており、いずれ国境の扉が開いた時には、MDSA自慢のリンゴや野菜類をトラックで大量にラサに輸出することも夢ではなかろう。

これまでチベット地方の羊毛や毛皮、岩塩等を国境を越えてラバやジョバの背で運搬し、帰り荷に種々の生活物資を入手し生計を立ててきたポーターたち。スピーディーで安全なトラック輸送に圧《お》され、今や徐々に職を失いつつあるが、決して解決策がない訳では

グラウンド整備も新潟でのチャリティーの賜物

ない。これらの職を失った人たちをMDSAが吸収し、農業開発隊となし得れば、大量のリンゴを、野菜類を、花を、チベットの大消費地ラサまで出荷できよう。石礫不毛の未開拓の大地がムスタンにはまだ無限大にあることを思えば、さらに資金援助が必要なのである。十数年前、佐々木幹郎氏（近藤亨を守る会）をはじめ谷川俊太郎氏ほか数名の文化人のご寄贈によるコマツ社のユンボーが当時大活躍し、そのご恩を決して忘れることができない。

望郷の賦

〝ふるさとは語ることなし〟。新潟市の護国神社にほど近い遊歩道の、小高い丘に安吾の碑がある。この言葉を最も深く異郷で体験している者の一人と自負しているこの老爺《ろうや》である。七十歳から秘境ムスタンへ単身で旅立ち、彼の地で寒冷と強風に苦しみながら農業開発を中心に教育振興、医療奉仕などに明け暮れ、気がつけばあと三カ月で米寿を迎えようとしている。

今日までただひたすらに農業開発の夢を追いかけながら奉仕の日々を送ってはきたものの、家を捨て、家族を捨て、祖国を後にした異境での仙人暮らしは、折につけ望郷の明け暮れでもある。

・平穏の余生を拒み家を捨て祖国を捨てて辺境に燃ゆ
・ヒマラヤの空逝く雲よ伝へてよ故里を恋ふ燃ゆる憶いを

この度、新潟市が制定された第三回安吾特別賞にお選びいただき、望郷の思いの丈を認《したた》めた。後述の詩歌は、その胸中を表したものである。

春遅き越路の野辺も
残雪のいつしか消えて
桜花散り敷く夕べ
四十年の齢空しく
幼な児をあまた残して
我が母みまかりぬ

粟が峯は朧に霞み
雲雀舞う川辺に立ちて
夢多き少年一人
幾たびぞ人知れず泣く
母の胸慕い慕いて
都辺の父を偲びて

文学の道を夢見つ
歌詠みの道に憧れ
さすらいしあの丘あの川
むつみたる友ら逝き発ちぬ

我一人命永らいとつ国に
　夢を追いつつ
君見ずやヒマラヤの峰
ガンダキの岩を噛む川
果てしなき不毛の荒野
桃源の里を夢見つ
村人とともに汗する
望郷の想いぞせちに
さはれ友よひとたび訪ない
我とともに野を耕さむ
争いも銃音もなくヒマラヤの
浮雲に乗りアネハ鶴南に渡る
この大地君よ知らずや
腹満たす糧のなき民
　身にまとう衣のなき子ら救わんと
米寿近き吾は一人

ムスタンの馬を駆り
厳寒の荒野に挑む
さらば祖国よさらば故里

新大キャンパスで学生歌を

慨世の賦

一．ああ硝煙の跡絶えて
風粛々の声寒し
山川永遠に変わらねど
栄枯は移る世の姿
草木春に萌ゆれども
祖国の正史如何せん

二．見よ殉節は地を払い
社稷《しゃしょく》を憂う声ぞなし
濁流天に逆まきて

正義を叫ぶ姿なし
今にして我立たざれば
祖国の正史如何せん

これは敗戦直後の一九四六（昭和二十一）年六月、新潟大学農学部の前身、新潟県立農林専門学校の学生歌を広く学内に公募した折り、数ある応募作品の中で第一席を得た私の学生時代の作品である。

日本の大部分が焦土と化し全国民は意気阻喪し、右往左往していた当時の世相を慨《なげ》いて詠じた近藤亭の生涯を通じて最も格調高い雄渾《ゆうこん》の会心作ではなかったかと。そして「慨世の賦」の作曲は、丹羽鼎三《にわていぞう》校長の肝入りで、たまたま加茂に寄寓《きぐう》しておられた「海ゆかば水清く屍山ゆかば草むす屍」で知られた作曲家で、日本海軍軍楽隊長だった信時潔氏によるものである。荘重典雅若者の魂を奮い起こす力作である。

しかしこの学生歌は残念ながら学内では甲論乙駁《おつばく》、あるいは軍国主義とそしられ、学生歌としては堅すぎるといわれた。ほとんど誰にも歌われることなしに忘れ去られたのである。

ところがその中でただ一人絶賛してやまぬ、私の憂国の至情を理解して下さった人がおられた。誰あろう隻眼痩躯《そうく》の東大教授兼新潟農専初代校長の恩師丹羽先生その人であった。

私を校長室に招いて「近藤君よくぞ学内にそして世に警鐘を鳴らしてくれた。これからの日本の農業にこそ、この不屈の根性が一番必要なのだよ、節操を曲げずに堂々と突き進めよ」と諄々《じゅんじゅん》と私を諭してくださったことを今でも忘れはしない。

一方、私のいま一つの作品で二席に当選したのは逍遥歌「ああ越後路の春淡く」であったが、こちらは六十年を経た今も農専ＯＢが集まると決まって肩を組みながら声高らかに歌われている。

先日、たまたま新潟大学の学生新聞「新大キャンパス」の取材をお受けしたのであるが、いつの日か農学部の学生諸君の前で、米寿の爺《じ》さまがこの両学生歌を声高に披露してみたいものだと願っている次第である。

好きなもの嫌いなもの

ムスタン在住歴十七年余の私の生活で、さぞ食べ物で苦労していることと心配してくださる方も多い。実は全くのおかど違いで、三度の食事は日本食で、皆さんよりはるかに贅《ぜい》沢《たく》な食生活である。というのは、農業が専門分野だから自分の食べ物は何でも農場で栽培し、家畜は飼料を自分で作って乳牛や山羊《やぎ》、綿羊、鶏に至るまで多頭飼育し、果てはニジマスや鯉、アサラ（日本のアユに似たような川魚）までヒマラヤの雪解けのわき水で大規模に養殖している。はるばる日本からここに来られるお客さんには、刺し身から焼き魚、煮魚など、ヒマラヤ山中で日本食を出してビックリさせている。まさに「必要は発明の母」である。

一番苦労したのはコメである。ムスタンは高冷地で郡内はコメが一粒も採れないので、当初はビニールで覆うなどして田んぼを作り、初めて妙高高原早生三号（妙高杉ノ沢の篤農家宮本敏夫氏が選抜、育成した種で、これを長岡農試で品種固定した耐寒性品種）の栽培に苦節四年で成功した時の喜びを私は決して忘れはしない。

果物、野菜は何でもこいの私だが、どうしても食べられない物がある。辛い物、苦い物、熱い物、である。日本に帰国してまず、一番先に食べたい物は何といっても寿司《すし》。旅先でのお昼、ラーメンが運ばれてもすぐに食べられず、お冷《ひや》を注いで原次長にあきれられているる。早春の味覚として珍重される「フキノトウの酢味噌《みそ》あえ」などいまだに好きになれない。

酒は一滴も飲めないが、餡子《あんこ》もちや甘いお菓子が大好き。梅干しは大嫌いだったが、子どものころ体が弱かった私を丈夫にするためにと、三度三度祖母が食膳《しょくぜん》に梅干しを出して食べさせたので、いつの間にか酸っぱい食べ物も好きになった。

あの当時、越後の『梅干し』の大部分を占めた豊後や藤五郎はあまりにも大粒で一食では食べ切れない。そうかといって甲州小梅、竜峡小梅ではあまりに小さすぎて物足りない。では、その中粒くらいの梅の品種を選抜育成してみようということで、新潟県の梅の主産地の亀田をはじめ出雲崎、小坂、魚沼地方をくまなく再三踏査の末、ついに選抜育成に成功したのが亀田の藤五郎の突然変異から出たと思われる中粒種。一粒十～十二グラムでこれが『越の梅』の由来である。新潟・亀田の村山邸の庭先にあった古木で、今その原木があるかどうか一度ぜひ訪ねてみたい。

一番の好物は筋子。次は鱈《たら》の子だが、これらは海のないネパールではいかんともし難い。もし今後ムスタンの私を訪ねて来られる方は、お土産に少量で結構だからぜひ、ご持参いただければ老爺《ろうや》は大喜びすること間違いない。

ネパール宝島物語

スリランカの西、モルディブ諸島の北の洋上に、旧ネパール王室が所有していたといわ

在ネパール日本大使館主催の武道交流会

れる大きな島があることを知る人は恐らく誰もいないだろう。

今から二十年ほど前、私がネパールでJICA（国際協力機構）の園芸プロジェクトリーダーだったころ、私にしては珍しく休暇を利用し観光旅行に出掛けたことがあった。世界でも特に美しいといわれるモルディブの海は穢《けが》れなく透明で、南海の楽園というに相応《ふさわ》しい、まさに別世界であったが、その折初めて土地人からその事実を聞いたのである。そこはかなり大きな島で、当時はネパール人と土地の漁師しか住んでいなかったようだ。しかし、王室が解体され民主共和国ネパールが誕生した現在となっては、恐らく王位を失ったギャネンドラ氏の私有財産として継承されているのではなかろうか。

長らく続いた血で血を洗う内戦状態の末に、ついに民衆の力で勝ち取った新政権である。暴君を国外追放することもなく、王位の剥奪《はく》にとどめたのだから、せめてこの島だけでもかつての暴君ギャネンドラ氏から没収し、海産物とは無縁のヒマラヤ連峰に抱かれた小国ネパールの、唯一の海洋漁港に造り替え、大量の海産物の供給基地としたらどうだろうと、この爺《じ》さまは提案してみたいのである。

そのために必要な人員は、以前ネパール領だったブータンやシッキム、ダージリン等から追い出されて途方に暮れている、行く先のないネパール人を、あるいは無役になった旧ネパール軍人中の希望者を募って入植させるのである。まさに一石三鳥、四鳥の名案ではなかろうか。もちろん島の面積には限りがあるため、原則として四十歳以下の妻帯者とすれば、漁村には不可欠の婦人の手作業には事欠かないと思われる。

しかし、この分野の知識はネパール人には皆無である。不戦の誓いをたて、先進経済大国として貧しい国々を支援するのを光栄なる責務とする、海国日本に指導援助を要請するのが最適であろう。

この次カトマンズに赴いた時にはぜひ、プラチャンダ総理や国民会議派の元総理だった刎頸《ふんけい》の友G・コイララ氏やネパール共産党の党首J・N・カナール氏たちとゆっくり一堂に会してこの案を提案してみよう。もしこれが実現すれば、きっと新生ネパール国の希望の星、宝島となるに違いない。

この米寿を迎えたムスタンの老爺《ろうや》は今でも、あの澄み切った海底まで見えるモルディブ島の海を思うと胸が躍るのである。秘境ムスタンの農業発展も軌道に乗り出した。もし私がこのまま元気で好機を得たなら、インド洋上の孤島の開発を指導すべく、ムスタンの幹部青年を連れて時々出掛けてみるのもさぞ楽しいことであろう。

ああ越路野の春淡く

平成二十一年三月十七日に本紙に掲載された、「慨世の賦」なる新潟農専学生歌は第一席に選ばれながら、さまざまな理由から学生たちには愛唱されず、ついに不遇のまま消滅したが、第二席に選ばれたのが以下に記す寮歌である。

今でも私の母校の新潟農専唯一の寮歌として、老友たちに青春時代を回想する時のよすがとして歌われ、作詞者としては誠に感慨無量である。

まるで幼くして逝った英才ひらめいた長男と、平凡ながらすくすくとたくましく育ち天寿を全うしつつある幸運な星の下に生まれた次男のようでもあり、その兄弟の生みの親としては誠に複雑な想《おも》いである。
作曲者は、当時加茂小学校の音楽教師を務めながら近郷の音楽普及に生涯をささげられた、故伊藤稔先生の、今に伝わる唯一の名曲である。

〈新潟農専第二寮歌〉

一　ああ越路野の春淡く
残雪遠き粟が峰（ね）や
三歳の流れ若き日を
茂寮の学園（その）に集い来て
しばし憩はん旅の子ら

二　夏来たりなば灼熱に
汗しとどして鍬ふるう
豊けき稔り想いつつ
若き生命の歓びを
樹蔭に求め謳うかな

三　夕去り来ればさすらはん

稲の香渡る秋の野や
遠くまたたく学び舎の
灯あかく露おきて
古さとしのぶ夜半の月
（四、五、ならびに序を略す）

思えばあれから既に六十年の歳月が流れ去った。旧村松連隊跡の薄暗い兵舎を教官、生徒が起居を共にし、午前中は丹羽鼎三博士をはじめ、そうそうたる教授陣の火の出るような座学を受けた。午後は食糧不足に悩まされつつ、来る日も来る日も軍靴で踏み固められた錬兵場を教師、生徒が一丸となって一鍬《くわ》一鍬開墾したものである。

みな新制大学農学部建学の意気に燃えていた。今の学生たちには到底想像も及ばぬことであろう。まさに産学一如の充実した輝かしい日々でもあったのである。

当時の恩師はもちろん、同窓生たちも年ごとに不帰の旅人となりつつあるのは、誠に悲しみに耐えぬ次第である。

自給飼料をつくろう

世界的経済不況のただ中で、小麦や米、トウモロコシなどの価格も急騰しているという。殊にトウモロコシはバイオエネルギー源としての大規模な消費増と主産地の異常気象による減産が重なって、価格は当分鰻《うなぎ》のぼりに高騰する見通しともいわれる。

これまで外国から安価なトウモロコシや干し草を安直に輸入してきたわが国の酪農経営が大きな誤りだった事を、この際深く反省し二度と同じ誤りを繰り返してはならないと思うのである。外国の飼料に頼らず、自給飼料の範囲内で家畜の頭数を決めてこそ、安定した畜産経営がかなうということをご存じないはずはあるまい。これまでも随分農政の失策にかき混ぜられ、農業に携わる人々は苦汁を飲まされて来た訳である。

日本は四季折々の自然がもたらす降水量にも恵まれた温暖な気候であるにもかかわらず、耕作放棄の荒れ地が多々眠っている。この際、大型農機具を駆使してこうした土地を開墾、農地として再生し、今後は外国からの輸入飼料に頼らずとも、できる限り国内自給飼料でやるべきではなかろうか。

私は決して空論を叫んでいるのではない。ムスタンの農業現場でもヒマラヤの雪解け水を利用し、不毛の荒野を村人と共に開墾し、ソバやライ麦などの雑穀類しか作れなかった当地帯に、人の食用とも兼用の飼料米の普及を願っている次第である。

ムスタンで、地の牛とホルスタインを自然交配して誕生させた新種（珍種）の乳牛に稲わらを与えると、ソバやライ麦の葉しか与えない時に比べると乳量も増し、乳質も著しく改良されるのに驚かされている。農村に専業化、機械化、規模拡大化、山村切り捨てなどの政策を進めてきたから農業は衰退し、農家の若者が夢を持てずみんな都会に走り去ったではないか。

この際、日本中で飼料米や牧草を作り、今後一切海外からの飼料を買わないという気構えで、日本中の休耕田を元の豊かな水田に戻すべき時に来ているのである。

なお、ムスタンで次々と誕生しつつあるかわいい仔牛《こうし》を見にかたがた、ぜひ一度雄大なヒマラヤ山麓《ろく》に広がる当会の農場をお訪ね下されば美味《おい》しいミルクもお出しできようというもの。

先日は稚内から二人、群馬から五人、神奈川から二人、総勢九人の熱心な当会のサポーターがはるばるおいで下さったばかりか、元校長先生は子供たちに楽器を教え、道具持参の大工さんは、私の部屋のドアを修理下さるなどそれぞれの分野でご活躍いただき感謝申し上げる。

拝啓　麻生太郎総理大臣様

総理就任のころ、あなたはなるべく早く議会を解散して国民に信を問いたいと漏らしておられたはずですが、このごろはすこぶる総理のいすの居心地がよい故か、それともいったん辞めたら二度と再び総理になれないのではないかとの不安からか、言を左右にして居座ろうとしているとしか見られません。国民はもとより与党自民党の心ある幹部たちも、最近はいらいらしているのが現状なのをご存じでしょう。

その証拠に、著名な全国紙の世論調査でも支持率は低迷し、今日の新聞では誰それが新会派の旗揚げをする意向とか云々《うんぬん》が頻繁に取りざたされているありさま。経済政策面ではお強いはずだった総理も、就任後の施策でさしたる手腕がない事が判然として参りました。いっときも早く潔く解散される事が、今のあなたにとって最良かつ焦眉《しょうび》の策かと存じます。

かつての偉大な総理として日ごろ私が敬慕してやまないのは田中角栄、今一人は何とあなたの御祖父の吉田茂なのです。吉田総理は廃虚と化した敗戦直後の祖国日本を立て直すべく、占領軍の総司令マッカーサー元帥や連合国軍総司令部（ＧＨＱ）に対して守るべき所は一歩も譲らず、堂々と折衝して誇り高い平和国家日本の礎を築かれた名総理でおられました。どうぞ総理のいすにしがみついて、御祖父様の名をゆめゆめ汚すことのなきようお願いいたします。新酒は新しい皮袋に入れてこそ天下の銘酒となるのだそうです。

時はよし、中近東で目を覆うべき戦乱を引き起こした張本人のブッシュ大統領は凋落《ちょうらく》、世界の檜《ひのき》舞台から姿を消し、代わってアメリカ社会でこれまで低階層を強いられてきた黒人の血が半分流れる、若き期待の星オバマ氏が登場したのですから、今後はその手腕に世界中が注目せざるを得ない訳です。

戦争こそ人類が最も憎悪すべき自然破壊の最たるもの。世界歴史上初めて武器を捨て永遠に戦争放棄を誓った日本こそ、人類恒久平和の守護神として堂々とオバマ氏と手を結んで世界政治の檜舞台に躍り出るだけのリーダーシップが、今求められているのですよ。その第一歩としてまずあなたの手でいっときも早く議会を解散下さい。それがあなたに残された唯一の政治家としての責務でもあり、武士とは散り際こそが肝心なのです。

片足をあの世に突っ込んで、お迎えが来るのを待っているムスタンの老爺《ろうや》ですが、むしろ最近はムスタンのこともさることながら、遠く離れた祖国日本のことが気に掛かってしかたないのです。

ミツバチの楽園

「今更何を言うか」と私は腹を立てている。
梨《なし》やブドウ、リンゴ、柿に至るまで毎年収穫までに十回も十五回も薬剤散布していては、ミツバチが姿を消してゆくのは当然の話。

カトマンズで入手できる読売新聞の数日前の記事によれば、日本の主要な果樹生産地帯や果菜産地で最近、ミツバチや蝶《ちょう》が激減し、授粉不良となり、イチゴやトマト、メロンなどの奇形果が多発し大問題になっているという。

地球規模の温暖化の影響もあろうが、訪虫類が減少しだした段階で、なぜもっと早く政府も指導機関も減農薬、否《いな》、ひと思いに「無農薬」に切り替えようとしなかったのか。明らかに指導機関、試験場機関等の怠慢である、と叱《しか》りつけたい心情である。いかに薬を薄い濃度で散布しようとも、それを十年も二十年も続けていたなら、ミツバチや蝶はおろか、それを買って食べる消費者にだって害がないはずはあるまい。

平成二十一年一月末から四月初めまで帰国していた私は、例年のように日本各地での講演や現地報告会をしてまわり、四月十二日に稚内や群馬や横須賀などからムスタンをわざわざお訪ね下さる会員の皆さま方を伴い〝第二の故郷〟のムスタンに戻った。

ムスタンへは亜熱帯気候の首都カトマンズやポカラなどの中継地を経て小型機で約三十分、カリガンダキ川をさかのぼりながらヒマラヤ連峰を越えて行く。高地（三、〇〇〇メートル前後）ゆえ、ムスタンの朝の冷気はこの時季でさえ身を刺すように冷たく、眼前に屹《きつ》立《りつ》する未踏峰のニルギリ峰が白雪に輝き美しい。早速朝食を済ませると皆さまを自慢の大農場に馬で案内した。時は良し、りんご園やアンズ畑は見渡す限り薄紅色の美しい花が満開で、ミツバチや蝶たちがむんむん音を立て、私たちを出迎えてくれた。

おおよそ途上国では農薬をたくさん使えば使うほどいいもの、という程度の農業知識しか持ち合わせていないことが多いようであるが、その農民に一から農業技術を教え込むにはまず実践してみせることである。もっとも零細農民のムスタンの人々は、農薬を買う余裕もない貧しさである。私はこれまでほとんど無農薬、無化学肥料を農業の原点とし青年たちに実証して見せ、その指導を徹底してきた。

思えば古希を迎えた十八年前、初めて現地青年六人と共に荒れた台地を一鍬《くわ》一鍬開墾し始めたころは、ミツバチも蝶も皆無だったのである。やがて果樹や野菜、花などが徐々に育ちはじめてくると、どこからともなく自然にハチも蝶も集まってチューリップや菜の花、リンゴ、アンズなどの梢《こずえ》で楽しく群がって春の賛歌を奏でるようになった。

今では不帰の客となられたが、蝶や蛾《が》の分類にかけては日本でも屈指の専門家だった新津の桜井精さんがムスタンにおいでになり「ここは蝶や蛾の珍種の宝庫ですよ」と大喜びで早朝から夕暮れまで、ドウランを肩に掛けアンダームスタン（およそ標高二、五〇〇〜三、〇〇〇メートル地帯）の野山を一日中かけずり回っておられたのも今は懐かしい思い出となった。

原点は土作り

先回も無農薬の重要性を力説したが、特に果樹、果菜栽培農家に対しては減農薬、さらに無農薬への頭の切り替えが必要である。しかしそれ以上に重大な危機が徐々にではあるが、刻々迫りつつあることを老生は声を大にして警告したい。化学肥料偏重による土中の塩素蓄積の大害である。

ミツバチや蝶《ちょう》が来なければ、それを人工授粉で補い得るかもしれない。しかし一定の限度まで土中の塩基が達した場合には根の活動に不可欠な好気菌、嫌気菌の生活基盤が根底から失われて一メートル二メートルの耕土全体を総入れ替えしなければ、果樹も野菜も花《か》卉《き》も全く栽培できなくなる日が刻々近づきつつあるのである。

四十、五十年前あれほど盛んだった緑肥作物栽培を、国や県の指導機関は何で急にやめさせ、本腰を入れて飼料作物を奨励し有畜農業に力を入れなかったのであろうか。現在ムスタンの農場では、馬、牛、ヤギ、メンヨウ、鶏などの多頭飼育による堆厩《きゅうひ》肥を土中深く大量投入する一本やりである。

十八年を費やして開墾した総合農場およそ二五〇ヘクタール（標高二、八〇〇～三、六〇〇メートルの高冷地）において化学肥料は一切使用せず今日に至った。そして自給できる範囲で頭数を殖やし、家畜の餌には高価な購入飼料は用いず、購入するのはカトマンズで安価で入手できる海魚の骨とトウモロコシぐらいである。しかも十二面の広大な養殖場では、ニジマスや鯉などの魚にも家畜と同じ餌を現地でスタッフが特別に調合して与えている。自然環境を大いに生かしながらも無農薬を心掛け、有機栽培農法を貫いていれば自《おの》ずと作物も、樹木も、動物も、ひいては人も健康ですくすくと成育できるのである。

話は昔にさかのぼるが、かつて私が新潟大学村松農場主任だった当時のことである。レンガのように固い村松錬兵場の跡地を大学の実習農場に転用するにあたり、ひと月の夏季実習の折、果樹園五ヘクタールを全園にわたり二メートルほどの深さにまで天地返しさせた。当時の農学生と共に今日のような豊かな大学農場の元を築きあげたのであり、「農業の原点は土作りにあり」というも決して過言ではない。

今の学生のほとんどは「天地返し」など聞いたこともないという。農学部の学生でありながら実習を軽んじて、圃場《ほじょう》で汗することを知らずして何の実習ぞ、何の農学ぞ、と言いたい。それどころか農政の専門家、官僚に至っては枝葉末節、机上の空論に貴重な時を費やして、「山に入りて山を見ず」「農学志して農民の苦労を知らず」が多いのも事実であろう。そのような方々に祖国日本の農業の、農村の、未来やあるか、とお聞きしたい。

重ねて言う、農業の原点は土作りにある、と。

天の怒りか

近年、世界各地で起こる災害は、これまでに経験したことのないけた違いの大きさ、激しさである。人間の浅はかな知恵に与えた天の怒りとしかいいようがなく、地中のマグマが、核をもてあそんでいる人間どもに与えた鉄槌《てっつい》である。

核の恐ろしさを認識せず、愚かな戦争ごっこに夢中になっている核保有国への無言の警告であることをいまだ列強の為政者たちは悟ってはいないのである。日本人はこの際特に知っておかねばならないことは、世界の数ある科学者の中で、原子核中の中間子の存在を最初に予言したのは誰あろう湯川秀樹博士である。核を戦争ごっこの道具として使おうとしたのもアメリカだけではない。第二次世界大戦下、敗戦の色濃い日本軍もしかりだったことは知る人ぞ知る、科学者ならずとも周知の事実であった。そしてついにこれを一足先に実用化したアメリカが、広島や長崎に投下して人体実験を初めて試みた結果、悲惨極まる惨状を招いたのだ。

先の洞爺湖サミットで議長国日本は、地球温暖化防止を議する前にまず、世界で唯一の被爆国だからこそ、核開発即時停止を全世界に向けて訴えるべきであった。

最近はどこでも〝エコ、エコ〟の合言葉の下、省エネ仕様の電化製品を推奨し、ポイント制うんぬんの政策まで導入される由、皆がまじめに取り組む二酸化炭素削減の一方で、地下核実験が行われているという皮肉な現実。

以前にも述べたが、チベットに隣接するネパールの秘境ここムスタンでも、温暖化の影響であろうか異常気象が年ごとに顕著に現れてきている。ヒマラヤ山脈の北側で、七千メートル級の山々がインド方向からの湿った雨雲を遮り、降雨のほとんどなかった超乾燥地が、近年は雨天曇天が増える傾向にある。

その昔、氷河湖の決壊地震でガミ村に断層が生じたため、水脈を絶たれ村ごとそっくり現在の対岸地に移動したという。その後放棄されていた断層台地二百ヘクタールは、ネパール政府が畜産試験場として開拓造成する計画もあったが、資金も技術もなく結局放置されたままだったのである。

その広大な土地をネパール政府から借り受け、日本の同志の資金を集めて十年を費やし開墾し、現在は放牧地やリンゴを主体にした果樹園を拓《ひら》いている。私が直接指導したネパール人青年たちが三、六〇〇メートル高冷地で実によく働いている。辺境の村人たちは、地球規模の温暖化や異常気象などには疎く、さしたる問題ではないので気にも留めない。しかし私はこの夏も天が気になるのである。

第四章　私の一日

ニルギリ峰に映える果樹園の紅葉

私の一日

ムスタン農場までは、私が暮らすMDSAジョムソン事務所から馬でおよそ三十分の道程である。午前七時に朝食を済ませると、毎日八時半には、愛馬〝しらゆき〟に跨《またが》ってテニやシャン農場に出掛ける。ニルギリ峰七、〇六一メートルを仰ぎながら農場に通うのが、毎日楽しくてしようがない。米寿を超えてなお私ほど満足感に浸りながら日々暮らしている老人はあまりいないことだろう。午前は農場を見て回り、甘いネパール茶などで簡単な昼食、午後は三時半ごろから夕食時間まで日本の支援者に向け二十〜三十通の手紙を書くのが日課である。そして夕食後、相手がいれば大好きな将棋か囲碁を三局。深夜は専ら原稿書きである。毎朝四時ごろに起床。朝食までの間も推敲《すいこう》や清書などの卓仕事。

シャン農場にはリンゴやアンズ、ブドウなどの果樹、トマトやナス、ピーマンなどの野菜、コスモスや矢車草などの花卉《かき》類ほか鶏や山羊《やぎ》、乳牛などの家畜を飼い総合的な有畜農業を展開している。

リンゴ園では既に実がウズラの卵大に膨らみ、ブドウは花が終えてかわいい房が鈴なりである。樹間はすべて耕してクローバーとライグラスで覆い、子牛を含め三十頭余の乳牛の牧草には事欠かない。五百羽余の鶏も果樹園で放し飼いだ。ケージ飼育と違い健康に育つので、身も卵も絶品であるという（私は肉も卵も嫌いで食べない）。

テニ農場では高冷地での石垣パネルによる水稲栽培をはじめ、ヒマラヤ山脈の伏流水を利用した十二面の池を造成しニジマスや鯉、グラスカープなどを多数養殖している。

七十歳のとき、郷里の加茂にあったわずかばかりの先祖の屋敷と山林を処分して活動資金を自分で作り、単身でムスタンに移り住み以後十八年間夢中で開墾し今日に至った。当時を思えば、六人のネパール青年たちと共に石礫《れき》の河川敷台地に来る日も来る日も立ち向かう日々。まず試みたのが私の専門分野の果樹、リンゴ栽培である。それまで剪定《せんてい》技術も栽培方法も知らないムスタンの人々は、リンゴの枝を落とし、肥料を施せば大きな実をつけるという理屈がなかなか理解できなかったのである。今では摘果、剪定などの一連の収穫までの作業も彼らだけでもできるようになった。

今やテニ四十ヘクタール・シャン五ヘクタール・ムスタン特別区ガミ二百ヘクタールの各農場は地元の人たちはもちろん、欧米や日本のトレッカーにとっても観光名所になりつつある。

日本の農家の、特に農業に夢を描けない若者や、これから農業をやってみたいと転職希望の都会人、熟年層で時間とお金に余裕のある方、ぜひ一度ムスタンの爺《じい》さまをお訪ねくださるよう、心よりお待ちしています。

このごろのムスタン

近ごろ、ムスタンは欧米人観光客や、インドからの巡礼客などが激増している。今から十数年前は外国人といえば、この私一人きりであった。その上、当時は人影もまばらで交通手段は半官半民のヒマラヤ航空が一機、それも週に二便しか飛んでこなかったものである。それが今は民間航空会社が数社、しかも早朝から昼ごろにかけての飛行可能な時間帯をフル稼働している。

ムスタンはその特異な地形から年中を通して大変風が強く、風の弱い早朝から十時、十一時ごろまでが飛行可能な時間帯である。厳冬期や、雨期には飛行キャンセルはしょっちゅうであるが、この老爺《ろうや》はおかげさまでなぜかキャンセルで困ったという事態は経験していない。

特に冒険好きの欧米の若者などにとって、ムスタン地区は他では見られない険峻《けんしゅん》な峠道、カリガンダキ河激流に添った道なき道がチベット街道方向に標高を次第に上げながら果てしなく続き、それらがたまらない魅力で人気を呼ぶのである。

世界中で自然破壊が急激に進み、地球規模の緑化推進活動が叫ばれつつある中で、ムスタンは継続的にご支援いただく皆さま方のおかげで、年ごとに不毛の荒野が沃野《よくや》へとよみ

リンゴの剪定・接ぎ木の指導

がえりつつあることをまずお伝えしたい。

それはまた、十八年にわたる筆舌に尽くし難い開墾と農業開発努力の現れでもある。リンゴの剪定《せんてい》技術指導をはじめ、メロン栽培、水稲栽培、養鶏、畜産、養魚、野菜、花卉《かき》栽培などの総合的な実証展示農場でムスタンの若者たちはもちろん、日本の訪問者たちもヒマラヤの大自然の下で多くを学ぶのである。

このところ、ネパール全土で大規模な慢性的停電が続き、大都会のカトマンズや、ポカラ、ネパールガンジーといった都市では殊に大変である。毎日、不規則に数時間もの停電を余儀なくされ、これといった国の解決策もなされぬままじっと我慢して日常生活を送らざるを得ない途上国の事情である。従って日本事務局とカトマンズ事務所との日常の事務連絡も停電による影響が大きく、インターネットでのやり取りの時間も制限され不便である。

一方、世界でも屈指の乾燥地帯で極端に雨の少ないムスタンは、ネパール全土での停電はどこ吹く風である。ヒマラヤ連峰の氷河湖の融雪水が源流のカリガンダキ河のおかげで、マルファ地区にある水力発電は順調。MDSAの設置したソーラーパネル発電も貢献し、僻村《へきそん》を除いてはほとんど影響がないのである。むしろ都会の文明生活とは無縁であるが故の僻地の強さでもある。

英語力

私の英会話はゆっくりである。その英語力は旧制中学校五年をマスターした程度であるが、三十五年のネパール生活においても、東南アジアやアメリカに旅行した時でも、何の不自由も感じずに誰とでも会話を楽しんでこれたと思うのである。

欧米人が普通に話していると速く感じられ、聞き取り難いが、その時はもっとゆっくり話してほしいと堂々と頼めばよいのである。

ムスタン農場ではもっぱら日本語で号令を掛けてきた。長年勤めている農場スタッフたちは大声で話す私の日本語に慣れ、日常の会話は何とか理解している。〝早く早く〟はネパール語では〝チトチト〟お母さんは〝アマ〟、お爺《じい》ちゃん、お婆《ばあ》ちゃんは〝バァージェー、バジェー〟。少し日本語の響きに似ている。

今、国連事務総長の重責を担う、韓国の某氏の記者会見で話す英語は決して流暢《りゅうちょう》とはいえないものの、実に堂々と欧米外交官と渡り合っているではないか。そして過日、ノーベル賞を受賞した日本人科学者たちは、インタビューの場面で堂々とたどたどしい英語で話しておられたのをテレビで見て、この老爺《ろうや》はむしろすがすがしく、胸潤むを禁じ得なかったものである。

過日、日本のある新聞記事を見て唖然《あぜん》とした。小学校で英語教育を必修化するという記事である。冗談にもほどがある。

母国語の日本語もまともに読み書きできない若者たちが、次々と社会に送り出されている現状で、何で英語教育が小学校に必要なのか。その暇があるなら、何で小学校卒業までにもっと徹底した日本語、漢字をたたき込まないのか。

国際社会では英語が全世界の公用語だから、もっと自由に話せるようにしなければならないのがその理由だと。本案を推し進める官僚も、学識経験者の面々もその胸に手を当ててお考えいただけばすぐに分かりそうなもの。中学、高校、大学、果ては大学院と高学歴を重ねながら英語に親しんできたはずの方々におかれましても、今もなお、欧米人に比べればたどたどしい会話しかできないのが大部分であろう。当然の話である。

われわれ日本人は、欧米人が逆立ちをしてもまねのできない高度な言語を持っている世界でも稀有《けう》な民族であり、誇り高い大和ことばやひらがな、漢字をしなやかに駆使できる、叙情豊かな日本語使いの名人ではないか。

今の日本の学生たちの学力低下は目に余る模様であるが、実はその大半の責任は欧米先進国に追随するに急のあまり、わが国の誇る伝統文化の継承に本腰を入れず、おろそかにしてきたことにある。今や為政者も深く反省する時である。

古橋広之進氏の死

最近、著名の士が次々と昇天されるニュースを見聞きする。中でも特に私の心を打ったのは、古橋広之進氏のローマでの客死についての記事であった。日本水泳界の代表選手として世界記録を更新し、「フジヤマのトビウオ」の別名を世界中にとどろかせ、かつては誰もが知る英雄で、その後も長きにわたり活躍を続けていた。

しかし、ついに日本水泳連盟の名誉会長としてローマで開催中の世界水泳選手権に臨席中に亡くなられたという訃報《ふほう》。八十歳の老躯《ろうく》をもっての大往生であったという。

実は平成二十一年六月十九日以来二カ月余、私は心臓病、前立腺がんなどですっかり体調を崩し入院加療中の身である。ややもすれば「そろそろ老躯をおしてムスタンに戻るのは無理か」と気弱になっていた最中であっただけに、そのニュースを見た衝撃は大変大きかったのである。

「近藤亨よ、古橋氏を見よ、日本水泳発展のために最期の最期まで体を張って大往生したではないか。それなのにお前は何だ。病躯を理由に郷里越後に戻っているではないか。〝ムスタンをネパール一の桃源郷に〟という大きな夢があと一歩という所まで漕《こ》ぎつけながら、ムスタンの村人たちに任せて遠隔操作しようとする、何と見下げた根性だ。いっときも早く健康を取り戻して再びムスタンの村人たちの陣頭に立つのだ」

老爺《ろうや》は古橋広之進氏のあまりにも壮烈な終焉《しゅうえん》の訃に接し、はっと目覚めさせられた。有終の美を飾ることこそ、大正生まれの私に残された天命であり、使命ではないのかと、決意を新たにしたのである。

十一月まで新潟にとどまり、できる限りムスタンの現状をお伝えする機会を得ながら、徐々に体力をつけて参る予定である。二十七日（日）には新潟テルサで開催される学校教育支援のチャリティーコンサート（恵まれない地域に学校を作る会＝石川幸夫代表）の間を縫って、ムスタン爺《じい》さまは元気で壇上に立ち、近況をお話し致したく、今年も大勢のみなさま方のご来場を今からお待ちしております。

近詠

・倒れてはまた立ち上がり　ヒマラヤの　高嶺を望む老いのわが身は

・弐百町リンゴの里の　うまし実は　枝をたわわに我を待つらん

新潟県人のど根性

いやはや、驚き入った、快挙だ。

全国野球大会の入賞は無縁と思われてきた新潟県である。しかし、県代表チームの日本文理高校の選手たちによって、ついにそれは塗り替えられた。甲子園夏の全国高校野球大会で、準優勝の栄冠を初めて勝ちとったのである。しかも、その決勝の最後で示した日本文理のすさまじい闘魂は、県民のみではない、あの時テレビを見ていた誰をも恐らく画面にくぎづけにしたに違いない。何しろ八回の終わりまでは大差で、誰の眼《め》からも「勝負はあった」と判然としていたのだ。

ところが九回の表、日本文理の猛攻劇が始まった。終盤戦で持てる力を振り絞って一点、また一点と追い上げ、まるで生き返ったようにその差一点にまで追い上げての死闘ではないか。その時の球場を満たした興奮は、アナウンサーの声をかき消すばかりの歓声の渦であったことは記憶に新しい。今後、新潟全県の球児たちは新潟文理に追いつけ、追い越せとばかり、きっと奮起するに違いない。

そしてさらにもう一つ、先の衆議院選挙では保守王国からの大転換とばかりに「越後魂」の神髄を腹の底から見せつけられたような大事件が新潟県に勃発《ぼっぱつ》したのである。日本一の米産県が、農業政策の拙劣さにたまりかねて党派をすべて入れ替えたとも思えるのである。

つきつけた大転換政策が果たして良かったか、悪かったか、あと二十年、三十年もせぬと判明せぬことであろうし、初めから大きな期待を寄せるのも賢明とは思えぬ。

これまで、ややもすれば鈍重と見なされてきた新潟の県民性であるが、この度の高校球児の大奮闘や、先の選挙で下した新潟県人の民意は、奮起すれば、周囲をあっと驚かせるような大仕事をやってのける力をも蔵しているということにほかならない。これらは大きな感銘をもって再認識した最近の出来事であった。

私は、加茂市の元狭口という片田舎の大農の次男に生を受け、農育ち故か、ヒマラヤ山《さん》麓《ろく》高冷地での農業開発に七十歳から挑戦し続けている八十九歳の老技術者。これまでにリンゴ栽培を中心に、野菜、花卉《かき》、コメ作りなどをそこで成功させ、農業の立ち遅れたムスタンの村人たちに教えてきた。今では酪農、養魚、メロン、キノコ栽培なども盛んである。これらは越後魂の執念の結晶といっても良かろう。

高地でメロン栽培

富士山頂近い標高三、六〇〇メートルのMDSAガミ農場で水稲栽培に成功した時、コメだけでは芸がなく、ムスタンならではの特産物を育ててみたいと思い立った。それで日本へ帰った折、当会の長岡支部長の田中徳司さんに相談した。彼は私の新潟農専の二期後輩。同校助教授として私が村松農場に赴任した時、一緒に苦楽を共にした最初の教え子でもある。その後、県の農業改良普及員として奉職、野菜専門技術員、普及所長、新津の園芸試験場長等々を歴任。退職後は長岡地方の野菜振興に農民の相談相手として今も挺身《ていしん》され稀《まれ》に見る誠実な技術者、研究者でもある。

その田中さんは即座に「それなら長距離輸送しても品質の落ちない、メロン栽培など面白いかもしれませんよ」とアドバイスしてくれた。

「そうだ、メロンにしよう」。ネパールのカトマンズ市場のメロンは、バンコックその他近隣諸国産のものばかりでネパール産のものは無いと聞いていた。

「メロンにはさまざまな品種がありますが、アンデスメロンが良いでしょう。栽培もそう難しくないので、ムスタンのような高所でも温室内の温度がある程度保たれれば、きっと成功しますよ」。彼は早速、アンデスメロンの整技法や栽培の要点をその場で私に丁寧に教えてくれた。

パネル石垣ハウスの中は35度前後

アンデスメロンは田中さんの予言通りに大当たりした。初収穫のガミ農場やテニ農場産のメロンをカトマンズで一、二を競うスーパーマーケットに初めて出荷してみた。完熟して収穫した後、十日前後の追熟を経ても全く外観も果肉も傷まず、糖度は外来のメロンよりはるかに高い。スーパーの主人は、この品質なら幾らでも大量に私の所にだけ出荷してほしいと注文するほどで、上々のスタートであった。

不幸にして平成二十一年、私が六月半ばから現場を離れ、日本で長期入院加療のため、ムスタンに張り付いた指導ができずにいる。しかし私が育てたムスタンの青年たちの手ですくすくと育ったメロンが、新装なった三棟の石垣ハウス内を埋め尽くしていたと聞き勇気百倍である。聞けば、カトマンズのスーパーの果物売り場に並べられ、九月十一日の報告によると二百八十三キロ出荷された（一キロ二百七十五ルピー、一ルピーはおよそ一・三円）。

さらには近年の目覚ましい輸送事情の改善で、アッパームスタンのガミ地区からチベットの都市部まで車での輸送が可能になった。自慢のアンデスメロンやムスタンりんごの大果を、ＭＤＳＡガミ農場からチベットの首都ラサに出荷してみたいものと、大きな希望を忘れていない。

老人バンザイ！

秋の彼岸連休のなか日、「敬老の日」は老人にとって一番楽しい日である。

新潟日報紙によれば現在、六十五歳以上の老人層、熟年層が国民全人口の二二・七パーセントを占め、特に女性の長寿は著しい。日本人の四人に一人は老人で占められ、世界一の超高齢化国であるという。

老人にとっては誠におめでたい限りで、この国に生まれたことを神様、ご先祖様にもっともっと感謝しなければならない。私が五十すぎから今日八十八歳まで暮らしてきたヒマラヤ山麓《さんろく》の貧しい国では、平均寿命は五十歳にも満たず、特に乳幼児の死亡率が高いのを思うにつけ、日本人に生まれた幸せを痛感するのである。

さて、私が現在お世話になっているところは荻川駅にほどちかい「荻川リビングハウス」という民間会社が経営する高齢者用の賃貸居住施設である。急病で一時帰国し新津医療センター病院に二カ月間入院加療の後、八月末に退院の見通しがついた折、このホームを同病院より紹介いただき、今日に至る。

男性八名、女性十二名を、施設長ほか、職員五名のいずれも明るい女性たちが日常生活全般にわたって親切にお世話してくれる。これまで全く集団生活の経験がなかった私。ここでの生活そのものが、初めて体験することである。規則正しい三度の食事、ホーム内での車いす散歩、手足の体操、みなさんで揃《そろ》っていただくおやつの時間にも慣れてきた。そのおかげでこのごろ、退院時に比べ私の体調も頗《すこぶ》る快調である。平成二十一年九月二十日は、ムスタン地域開発協力会の通常総会が新潟ユニゾンプラザで午後一時半から予定されていたため、十九名の皆さん方といっしょに彼岸献立の私の好物〝おはぎ〟を食べてから総会に出かけたのである。

私の部屋の両隣さんはいずれも女性である。歌が得意な最長老のおばあちゃん、大正時代の懐かしい歌を大きな声で元気よく口ずさむ足どりもしっかりされた明るい方。いっぽう、簡単な節を楽器で奏でては趣味を楽しむ中老おばあちゃん。「荒城の月」や私の大好きな唱歌などが部屋から時々聞こえ、日中は楽しい雰囲気である。どなたも各々《おのおの》必死で歩行やその他のリハビリに努めておられる姿には心打たれる。元気になったらまた旅行して、温泉につかりご馳走《ちそう》を食べたい、という希望は老人や病人ならずとも誰しも抱くものであろう。

しかし、ここで一つ気になることがある。何を目指して余生を、晩年を、人生を送るべきかといった夢や目標がそれ以上は進まないのである。

この度、鳩山首相は国連での初めての演説で、温室効果ガス二五パーセント削減目標の国際公約を宣言した。この公約実現のためにも、われわれ老人層も日常の生活においてもさらに積極的にこの問題に取り組まなければと痛感する次第である。体を丈夫にし、少しでも社会に役立つ仕事をしようではないですか。

自然エネルギーを探せ

地球の至るところで自然破壊が進み、地球の温暖化がこのまま続けば、地球の未来は宇宙から消滅してしまうであろうと世界の科学者は口を揃《そろ》えて絶叫している。それに対して欧米先進国は早速大きな反応を示し、日本に対しても経済大国としての大きな期待を寄せているところである。

ドイツは、五十年後にはその最大要因であるCO_2の発生を八〇パーセント、イギリスでも現在の五〇パーセントは削減できると大胆に目標数字を掲げて明言している。そしてアメリカのオバマ政権の下、主な大都市で率先してCO_2規制に本腰を入れて乗り出しつつあるという。しかるに、先の洞爺湖サミットにおいて議長国であった日本が、あの当時数値目標も掲げ得ず、環境省と経済産業省の意見が対立し、あの場でオタオタしていたのである。周囲を海に囲まれ、風力発電、太陽光発電等自然エネルギーの活用に最も恵まれているはずのわが国の現状なのである。

一方、新潟の自然環境に目をやれば、日本でも一、二を誇る海岸線の長い本県において、冬場に荒れ狂う日本海の季節風を利用しない手はない。ここに妙案がある。例えば、弥彦山、角田山の尾根にずらりと風力発電装置を仕掛けるのはどうか。さらに、新幹線の通過時に発生する突風にも近いあの風圧を利用し、高架橋沿いに付帯設置するのである。農業王国新潟県であるがゆえに、地震からの復興と両輪で全国に先んじた自然エネルギーへの大転換県にいち早くなるべきであろうに。

記憶に新しい中越、小千谷地域での大地震、ならびに柏崎刈羽沖での地震などに次々と見舞われるにつけ、世界で一番危険と目される活火山帯の上にどっぷりのっかっている列島ゆえ、日本は世界に先駆けた自然エネルギー対策が焦眉《しょうび》の課題で、それだというのに、いまだに何で物騒な原発などに頼ろうとするのであろうか。ネパールでは首都カトマンズや全国至る地域で日に何時間もの停電がいまだに続き、社会基盤整備が極めて遅れていることに半分あきらめながらもじっと我慢し、日々の暮らしをそれなりに工夫して送っている。

日本の科学水準は決して、世界に引けを取らないだろうと全国民は信じている訳で、湯川博士や朝永博士の偉業に続けとばかりに今後は、自然エネルギー活用に向けた海流発電、地熱発電、さらには宇宙規模の太陽光発電への実現化なども大いに期待している。

このほど温室効果ガス二五パーセント削減を国際公約し、大きく動きだした日本の新政権も本腰を入れて真剣に素早く取り組んでいただき、経済界、工業界も目先の算盤《そろばん》だけをはじくことなく、地球全体の環境のため、恒久平和のために、技術と資金を大いに注いでほしいものである。

朱鷺に学ぶ

私の子供の頃《ころ》、どこにでも沢山《たくさん》飛んでいた赤とんぼやイナゴ、ホタルなどがこの頃はあまり見られなくなってきて誠に淋《さび》しい限りである。

あまりにも水稲栽培の合理化、機械化に夢中になり、知らず知らずの内に土中のミミズ、ドジョウやタニシなどの小動物の棲《す》みかを人間が勝手に奪ってきたのである。大穀倉地帯ではイネの病害虫駆除のため農薬散布が徹底普及し、おまけに大規模な耕地整理により自然の草むらや水辺が日に日に減少し、小動物や虫たちが棲みかを失うのである。

さらに近年、朱鷺《とき》の住めない環境にしてしまったということは、われわれがどこかで大きな誤りをおかして来たことの証拠でもある。佐渡の特産である「おけさ柿」の産地において、このまま農薬散布を繰り返していたのでは、鳥や小動物に悪影響が及ぶことは当然であろう。

今から四十〜五十年前に、こがね丸やおけさ丸に乗って、柿団地造成のため、私は当時の農業普及所や農協へよくお手伝いに通ったことなど懐かしく思い出される。最近に至っ

靴も軍手も少しずつ日本から運び贈呈

ては、二～三年前、県会の中野洸氏がお世話下さった島内での講演会に参上し、その会場で佐渡の農業如何《いか》にあるべきかなどと、大勢の農家の皆さまの前で熱弁を振るったものである。講演の間を縫って佐渡トキ保護センターや新穂の柿畑を本間一夫組合長と農協の青年にご案内いただいた。私が特に希望し、約三十アールの本間氏の柿園にお連れいただき、青い余分な実を間引いたり、全体の樹形を眺めるなど、よたよたとした頼りない足元も気にせず園内を歩き回った初秋の楽しい思い出である。

その晩、本間組合長が設営下さって長畝地区の柿生産農家が大勢参集下さり、そこでも私はさらに声を大にしてお話しした。

「柿に農薬をかけるなとは言わないが、最低限に抑えることを約束してほしい」と力説したのである。聞けば、収穫までに十回以上はかけていると聴き唖然《あぜん》とした。

ムスタンにおいての無農薬有機栽培のりんご、あんず、野菜や花が高冷地でも立派に成育している写真を、ネパール・ムスタン地域開発協力会新潟事務局長の原千賀子さんにパソコンで投影してもらってお見せした。これまで不可能とされてきた作物栽培に挑戦し、それらに夢中になっている内に、花々には蜂《はち》や蝶《ちょう》が乱舞するような環境になってきているのである。

今後も朱鷺絶滅回避のため、多額の基金や市政の取り組みを投じるように、佐渡全島の、否新潟県全体の水田地帯、果樹野菜地帯での農薬散布を減らし、さまざまな生き物たちが住めるような豊かな自然環境へと一時《いっとき》も早く戻してゆくことは、農民自身にも、農政の手腕にもかかっているのである。

老きょうだいの初旅

広島の姉九十四、東久留米の姉九十二、横浜の妹八十三、そして米寿の私、の老婆、老爺四人姉弟妹でどこか適当な温泉宿にうち揃《そろ》って旅をしようではないか、との提案を私は平成二十一年春、ムスタンから妹にあて手紙を認《したた》めた。そしてその宿を皆の集まりやすい関東近辺にしてほしい、とだけ注文を付け横浜に住む妹夫妻に一切の段取りを託したのである。

ところが、最初で最後になろうと思われる旅の計画の矢先に、言い出した張本人の私が体調を崩し、同年六月半ばから新潟に入院帰国のはめになった。二カ月余りにわたる入院と、加療生活を経て漸《ようや》く少しずつ外出ができる自信がついたので、病後の初仕事に和歌山の熊野高校や紀北農芸高校などに講演に出かけたり、新潟では恒例のチャリティーコンサートの会場で学校建設のためにご支援を頂戴《ちょうだい》するため、老骨に鞭《むち》打って壇上で熱弁を振るった。

十月になっても関東で二カ所の講演会が予定されていた。十五日の高崎経済大学での学生へ向けての講演会や、十八日は新宿の野口英世記念館会場で。何《いず》れも三百〜四百名規模での大講演であったため、その翌日の温泉への旅は流石《さすが》に心身ともに疲れ果てたまま臨んだのである。

時は十月十九日、行く先は埼玉県の奥座敷名栗温泉。西武池袋線の飯能駅改札口に、午後三時半に集合ということになっていた。私のたどたどしい足どりを見かねて、新宿から飯能駅まで誰もが付き添ってくれるというのを敢《あ》えて断って、始発の池袋駅から急行に乗って約一時間ほどの旅であった。

終点の飯能駅に着くと、既に姉たちや妹らが全員揃って私の到着を待っていてくれ、お互いに久闊《きゅうかつ》を叙しながら元気な再会を喜びあったのである。宿の差し回しのマイクロバスに皆で乗り合い、九十九折《つづらおり》の山道を行くこと三十分。

鬱蒼《うっそう》とした杉林の中だけに清冽《せいれつ》な山の気にひたひたと身が包まれるようで、こんな自然豊かなところが大東京に隣接する埼玉県の奥の院にあろうとは、これまで夢想だにしなかったのである。聞けばこの「大松閣」の先祖が、この辺一帯の大地主で、二宮尊徳を崇敬し、熱心に杉林の造林に生涯を捧《ささ》げ、その基礎を築いたのだという。杉林に見入っているうちに、やがて宿の玄関前に到着。女将《おかみ》をはじめ大勢のスタッフたちが打ち揃って出迎えてくれ、若山牧水が愛《め》でたといういかにも格調高い湯宿で、去りし日を偲《しの》びながら、すっかりお互い童心に還《かえ》った平均年齢八十九歳の語らいは何とも楽しく、深夜まで続いたのは論を俟《ま》たない。

・秋の渓いでゆとは言えど断崖に滴る引きてやがてわかす湯　　若山牧水

・はろばろとヒマラヤの峰しのびつつ夜語りつきず桃源の夢　　近藤亨

農場に戻って

平成二十一年十一月十二日に新潟を後にし、私はまたムスタン農場に戻ってきた。前立腺ガン、狭心症、糖尿病などを患い治療中の身ながら、長年住み慣れた秘境ムスタンへの慕情抑え難く、新津医療センター病院で出発前の診察と注射療法を主治医の豊島院長先生から受け、翌日にソウル経由でカトマンズへと旅立った。

ムスタンに着くと連日快晴続きで、日中の温かさは新潟と同じくらいであるが、標高が二、七〇〇メートル前後の高地では流石《さすが》に朝晩の寒さが厳しく身を切るばかりである。満足な暖房はムスタンの何処《いずこ》にもない。早速八時半には愛馬に跨《またが》り、二つの農場に出かけるのは入院前と変わらない。

MDSA事務所から馬で三十分ほどの農場を見て回る。リンゴ、ブドウ、アンズなどの冬剪定《せんてい》に忙しい。眼前にそそり立つ未踏峰ニルギリヒマールは全山白雪に覆われたものの、まだその元に広がるここの農場には雪は降りていない。紺碧《こんぺき》の空に白雪を頂いた山々を毎日仰ぎ見ながら、中休みに一服するタバコとミルクティーの美味《おい》しさは格別だ。

今、ムスタンには常駐の大西さんのほか、群馬や東京からわざわざここまで自費で駆けつけてくれたMDSA会員の鈴木学君、鈴木祐治君や菊岡さんら三人が一～二カ月、農場に隣接する研修センターで寝泊りしながら大活躍である。

　但《ただ》し、新潟からネパールに帰る私に同行してきたMDSA新潟支部長の伝さんと金沢の相沢さんが、ともにもう直《す》ぐ日本に帰国する。些《いささ》か寂しい所に、体育大学出身で二十四歳の青年が訪ねてきた。去る十月十八日、私の東京での講演を聞き一、二年ムスタンで働きたいと希望し、インドを経由した後、今日忽然《こつぜん》と現れ心強い限りである。

　今、ネパールは再びマオイストが下野し、あちらこちらで物情騒然としていながらも、ムスタン郡だけは至って平和である。近年特に欧米人のトレッカーたちが、次々と秘境の旅にあこがれムスタンにやって来るようになった。十八年前、私が初めてムスタンに単身定住した頃《ころ》は、ネパール一の超秘境地として知られ、政府の役人たちも赴任を拒むことで有名だったことを思えば感慨無量である。

　全国の会員の皆さま、特に発足以来長年にわたり私を絶えず温かくご支援下さるMDSA新津支部をはじめ新潟県内の十六支部、ならびに県民の皆さまが、秘境ムスタンをここまで蘇《よみがえ》らせたのです。ムスタンの不毛の大地が、世界一高地で、世界一美味なリンゴの大産地に蘇りつつあるのです。心からのお礼を申し上げ、今後一層のご支援を切にお願い申し上げます。

快適な老人ホーム

私は今、病身ながらムスタンに暮らし、平成二十二年一月下旬再び新潟に戻る予定である。私がこの先帰国した時の住居は、九月から入居の「リビングハウス荻川」であることは先般お伝えしたが、館内の雰囲気も和やかで、隅々まで清潔極まりなく、頗《すこぶ》る快適な老人ホームである。

食事は、年寄りの好みも取り入れた煮魚や、野菜料理を中心としており、栄養のバランスもよく、誠に口に合い、同居の十九人の皆さんもなかなかの健啖《けんたん》家ぶりである。全員で食堂に集まる時は「ごはんですよー」と館内に女性職員さんの元気な声が炸裂《さくれつ》し、規則正しい生活が送れること、間違いない。団体行動は三度の食事と、午後一時からの室内散歩や、一時半の体操、三時のおやつの時間などで、それ以外は外出も自由である。一日おきの男女交代での入浴日に下着は必ず取り替えさせ、職員が丁寧に洗濯をし、部屋まで畳んで届けてくれ、それらの諸経費を全部合わせて一カ月十三〜十四万円前後である。

実は七十歳で国際協力機構（ＪＩＣＡ）を退き今の奉仕活動を始めた時、ネパールでの活動資金を捻出《ねんしゅつ》するため、一族の大反対を押し切り父祖伝来の加茂の郷里の屋敷や山林を全《すべ》て売り払い、「三界に家なし」の身となった私である。東京にそれぞれ多忙な日々を送っている三人の娘たちは、流石《さすが》に見かねて国立市の一等地に三部屋を備えた住居を借りてくれた。しかし毎年春と秋、それぞれ二カ月ずつムスタン支援のための活動費をお願いに上がるため帰国し、全国で準備くださる講演会に東奔西走し、そこには殆《ほとん》ど寄り付かない。

老齢で加療中の私の身を案じ、友人やＭＤＳＡ支部長の皆さんが入れ替わり立ち替わりリビングハウスに見舞いに来てくださるが、「私も老境に入ったら、こんな老人ホームで暮らしたいものだ」という人も多い。

このリビングハウス荻川のいわば二号館を、高橋敏雄社長が三条市の中心地に来年三月のオープンを目処《めど》に進めている。自動車会社を経営する傍ら、国や県、市からの助成を一切仰がず全て独力でこれらの老人施設を一から立ち上げた経営手腕のその人。社長の夢が叶《かな》って三条の新施設が来春開設の暁には、私も此処《ここ》から三条に移って入居第一号になりたい希望もある。ただし、その際は碁、将棋、麻雀（マージャン）や短歌、俳句などの趣味の部屋をフロアに設けていただければ言うことなしである。果たして期待通り実現するかどうかは別にして…。

世界最高水準の長寿国日本に、清潔で安全、明るい雰囲気で手ごろな家賃、日課に適当な運動を取り入れた住み心地のよい環境の此処のような老人ホームが、各地で次々誕生するよう期待してやまない。最後にまた一言、世の老人たちよ、余生をただ漫然と楽しく費やすだけでなしに、日々何か目標を持ち、少しでも社会のお役に立てるような意義ある余生を送ってほしいものである。

農業開発の私案

ムスタン地区の農民たちはみな、耕地が欲しい欲しいと願っている。少し頭を働かせれば肥沃《ひよく》な畑地は無限に近くある。川の沿岸の広大な河川敷台地である。私のこの十八年間の現場体験をもってすれば、激流カリガンダキ川も実は、河川改修で緩やかな蛇行の土手さえ築けば十分コントロールできようというものである。表面を限りなく覆っている大小の石さえ除けば、いっぺんに豊かな耕地に蘇《よみがえ》るのである。ただ大部分の農民たちは貧しくて、生活費のために晩秋から春先までの都会への出稼ぎを余儀無くされ、河畔を開墾している暇がないのである。

願わくばお金の使い道にお困りの方々に続々とご寄付願えるなら、さらに今より強固な堰堤《えんてい》を築きながら人力や重機を稼働させ広大な耕地を造り、川沿いに細々《ほそぼそ》と暮らす村人たちに与えてやれるというもの。あるいはこの老爺《ろうや》の辺境での農業開発の成果が注目され、ノーベル平和賞かマグサイサイ賞が受賞できれば、その開発に賞金の全額を投じて開発隊

子供を見ながら農場で働くスタッフ

を再編し一挙にその夢を達成してみせるものをと、果敢《はか》ない望みを抱いている訳である。

ムスタン郡の最北はチベットと国境を接することから、警察隊とは別に屈強な軍隊が何処《いずこ》の国に備えてか毎日厳しい訓練に余念がないそうだが、誠に無意味で無駄、その維持費は莫大《ばくだい》であろう。この兵員と維持費を二、三年河川改修と耕地造成に回すのである。

さらには小、中、高校の生徒たちに幼い頃《ころ》から農業教育を叩《たた》き込むため、これまでの十時登校を一時間早めて九時とし、小中学生は大小の石拾いを、高校生には鍬《くわ》を振るって荒れ地を開墾させ、その勤労奉仕の慰労金を元手に国外のボランティア団体に呼びかけ、僻村《へきそん》の教育環境充実のためにあてれば一石二鳥、三鳥となるのでなかろうか。

そうだ、これはムスタン郡だけの問題ではない。早速カトマンズに降り、旧知の間柄であるG・コイララ前首相や共産党の新しい党首JNカナール氏などに会ってこの私案を伝え、ネパールの学校の始業時間を九時にし、各校早朝一時間ずつ夫々《それぞれ》の地域にふさわしい勤労奉仕をさせ、新しい国造りに子供たちも一役担わせるように進言してみたいと思う。どうです、なかなかの名案でしょう。

先進国は勿論《もちろん》、途上国でも大部分の学校は九時始業が常識というもの、ネパール国民がもともと如何《いか》にのんびりとした気質であっても、いまだに役所も学校関係も午前十時に始業するのでは、世界の最貧国となるのも無理はない。

塾とは無縁

秘境ムスタンに住む子供たちは、学習塾や家庭教師に全く無縁である。家が貧しいだけに小学校に通わせてもらうこと自体、子供ごころに「幸せいっぱい」なのである。学校が終わると急ぎ家に帰り、ヤギの餌やりや、夕食のデロ（蕎麦《そば》などの雑穀類を石臼で挽《ひ》きお湯で練り、だんご状にしたムスタンでの一般的な主食）を作って野良から帰る親たちを待つのである。

これまでムスタンの学校はあまりにもお粗末な校舎で、私どもは見るに忍びず、日本中駆け回ってご支援を仰ぎ、ムスタン郡内に小、中、高等学校など合わせて十七校の新校舎を建てている。これらの学校の校長先生たちは口を揃《そろ》えて「おかげさまで明るく立派な校舎で勉強でき、子供たちの学力が徐々に向上してきた」と心から喜んでいる。

日本とムスタンと一体どこが違うのだろうか。「心」の問題である。

普段から貧しい両親たちの必死で畑仕事をしている姿を見ている子供たちが、少しでも家のために役立とうとする心と、良い中学や高校、大学に入るために学習塾に通い、勉強一本やりの多くの日本の子供たちとの、生活態度の違いであろう。

親の手伝いはせぬまでも、小学生の塾通いを即刻止《や》めさせ、もっと自由に遊ばせてやることである。近くの山や川の自然にもっと親しませるよう、親たちが話し合い、交代で子供たちを地域ぐるみで育て、見守りながら体力づくりにもっと心掛けるべきである。「健全な精神は健康な体に宿る」とは昔からの言い伝え。それも小学生の時こそ一番大切なのである。

実は、以前私は新潟市東区牡丹山に住んでいたころ、三人の娘たちをそれぞれ東京の大学に進学させるために、県庁の月給では到底足りず、職場を退庁後に塾を営んだ時期があった。英語教師の資格を持っていたことが幸いし、これが結構大当たりであったのだ。仕事の都合で私が塾の時間に間に合わぬ時は、新潟大の大学院生のアルバイトまで動員し暫《しばら》く続いたのである。閑話休題、そのころの教え子の一人が当時東新潟中学校区の生徒だった、当会事務局次長の原千賀子君その人である。

重ねて言う、小学校の塾通いは百害あって一利なし。もっと遊べよ日本の子供たち。ヒマラヤ山麓《さんろく》から眺めていると、誠に嘆かわしいことばかりで、子供たちのいじめ問題をはじめ、残虐な大人の傷害事件が後を絶たない国になってしまったという事態。また、ある日の新聞記事では、日本の子供たちの学力が中国、韓国にも及ばぬほど低下している由、特に文部科学省や都道府県の教育関係者たちはこれらの点についてどう考えているのであろう。

小学校時代の塾通いの弊害、ひずみというも過言ではない。受験戦争に勝つための勉強も大事であろうが、素直に丈夫に育った子供が最後には必ず社会の役に立ついい仕事を残せる成功者になれるということを断言して憚《はばか》らない。小学生時代はもっと伸び伸びと健康的に育てようではないか。

豊かな農村を造ろう

昔から日本の農林官僚は、中央でも地方でも極めて勤勉で優秀だと言われてきた。ただし、中には多少の例外もある。打ち出す施策がどれも実態にそぐわず、全国の農村を疲弊に追いやっている傍ら、減反政策は今後も続けてゆくという。農林官僚は一体誰のために仕事をしているのか。

世界的な食料不足情勢に逆行する日本の減反政策の愚を改め、なぜ米増産に大転換しようとしないのか不思議に思うのである。日本中の農民に作れるだけ米を作らせ、それを国が買い取り、食料不足にさらされている国々に無償供与してやれば、国際貢献にも大戦果を挙げ得るものであろうが。

あの敗戦の日、永久に武器を放棄して恒久平和の道を目指そうと日本国民が泣きながら誓ったはずであるが、今日では防衛予算の拡充に次ぐ拡充である。われわれ大正生まれの老人たちは、二度と再び祖国が戦塵《せんじん》の巷《ちまた》にさらされる苦しみを断じて味わわせたくないのである。膨大な国防費予算は即刻次年度からは一割カットし、その分を米農家の米の買い上げのために回していただきたいと強く進言する。

山村切り捨てなど言語道断、山村こそ荒廃の極みに達している日本社会の心安らぐ場であり、農業振興こそわが国の政治の基幹でなければならないことにいち早く政治家が気づき、農村活性化に大鉈《なた》を振るうことが重要である。日本はますます超高齢化社会へ進むことは明らかであるし、まず都会の老人たちが楽しく働けるような制度をつくるなり、もしくはアジアの途上国の若者たちの労働力をいかに合理的に取り込むかという点が肝要であろう。

ネパールの辺境地ムスタンで私は農業開発を七十歳からスタートし、僅《わず》か十八年で荒れた土地を開墾し緑の沃野《よくや》に塗り替えつつあるのだ。今こそ日本も山村切り捨て式の政策を改めて、むしろ山村振興のための農業振興に国を挙げて取り組む時ではなかろうか。

私はムスタンの子供たちに、小さいころから植物に関心を持たせるよう仕向けている。特に荒れた大地を緑に塗り替えていくために、県央の内田エネルギー科学技術振興財団、佐々木環境技術振興財団、コメリ緑資金などを中心とした多大な厚いご支援を頂戴《ちょうだい》しながら、石を積み、泥で隙間《すきま》を埋めた石垣で周りを囲み、屋根にポリエステルパネルを張ったいわば簡易温室を小中学校舎脇に建ててやり、これまで大小幾つもの学校農園や、マツやヒノキ、ポプラなどを植えた広大な植林地を造成してきたのである。

農業の要諦《ようてい》は、光、水、大地をいかに合理的に結びつけるかにかかっており、無限の恵みである風力や、海水の流動なども大いに研究活用すべき時が来ているのではなかろうか。それができ得るのが世界に誇れる日本人の、否新潟県人の優秀な技術力であり、秀でた科学研究、農業研究である。さあ、官民力を合わせて豊かで平和な農村を造っていこうではないか。

家畜の糞

ムスタンの大自然は厳しく、特に冬の寒さは筆舌に尽くし難い。沖縄とほぼ同じ緯度で、年中風が非常に強く、二、八〇〇〜三、六〇〇メートル以上の高地のため、朝晩の冷え込みは身を刺すばかりである。日本のように恵まれたストーブや暖房器具があるわけでもなく、ひたすら重ね着をして耐えるしかない。重ね着ができるのはまだ恵まれているほうで、貧しい人たちは薄い毛布に家族で身を寄せながら厳しい冬を越すのである。

人々はヤギやメンヨウなどの家畜の糞《ふん》や牛糞、馬糞などを拾い集め、家々の軒下に乾燥させては炊事用の焚《た》き物や暖房に用いる。私の住んでいるジョムソンはムスタンの郡都ではあるが、ささやかな裸電燈と怪しげな電気ストーブ一つで凌《しの》いでいるという生活ではあるものの、これまでこれを不便とは思っていない。この年になって初めて本当の農業の楽しさ、尊さを、荒れたヒマラヤ山麓《さんろく》の農業開発に励んできたおかげで満喫している。

日本で農業に携わるみなさんは、大自然の恵みの尊さ、深さ、農業の本当の楽しさを知らないのである。作付け制限だ、いや機械化だ、などと狭い島国日本の置かれた環境条件を無視した政府の施策に骨抜きになって農民魂を失ってしまったのだ。

信濃川下流の水田地帯で昭和の初期のころまで、農民は田船に乗って稲刈りをしていたことも珍しくなかったのであり、日本一の土地改良事業といわれた亀田郷土地改良の生みの親、佐野藤三郎氏の偉大な功績と、今日の大新潟平野穀倉地帯の陰に、多くの農民たちの流した汗と涙を決して忘れてはならない。さらに、零細農家の多い日本の農業は、台風や豪雨、大地震などの天災に悩まされてきたのである。専業化や規模拡大ではなく、農作物、酪農その他の有畜農業をいかに合理的に行えるかどうかである。

ムスタンに一番適している果樹はリンゴである。現地の人々はこれまでその栽培方法を殆《ほとん》ど知らずにいたので、私が剪定《せんてい》や接ぎ木、牛糞、馬糞をどっさり土中に鋤《す》きこんでやる肥料のやりかたなどをこれまで指導してきたのである。剪定した果樹の枝は焚き木に不自由しないで済み、土地は肥えてますます果物はよく育つのである。

一番大事な水源は、ヒマラヤの雪解け水の伏流水が一年中こんこんと湧《わ》き出ており、それを数キロ先から地中に埋設したビニールパイプで農場まで引くことで、世界でも類を見ない高冷地のリンゴ栽培に成功しつつある。

当初ムスタンで農場を創《はじ》めたころは、土中にミミズは一匹も見たことがなかった。ところが、「せんせいー。何十匹もいます、ミミズを見つけました」と、平成二十一年秋もひと月にわたり、群馬県からムスタン農場に駆けつけてくれた鈴木学君（三十一歳）が大声で私に伝えてくれた。以前アフガニスタンでも活動した彼は、農家の次男坊であるが都会には出て行かず、現在もご両親の下、元気に農業をやっているという。

子どもたちからの手紙

私は県内はもとより各地の学校から講師にお招きいただく機会が多く、その後日、子どもたちの手紙がたくさん寄せられる。その中からいつも講演に同道する原さん（ＭＤＳＡ事務局次長）が抜粋した分をご紹介したい。

【新潟市立東中野山小学校六年】

近藤さんのお話を聴いて、僕は弱い者いじめは絶対にしない。ネパールにいつかきっと行くので、その時はいろいろ教えてください。○楽な道より大変な道に進んだほうがいいというお話が心に残っています。ムスタンの子どもは学校に行けない子どもも多いということを知りました。僕は学校に行けるから、勉強をがんばりたいです。

○入院中で体調が悪いのに来てくださってありがとうございました。お話の一つ一つを守っていきたいです。○貧しい人たちがいるんだということを心に入れて毎日の生活に感謝します。夢に向かって精いっぱいがんばります。近藤さんのすばらしい生き方を劇で伝えます。○僕は総合学習のまとめで、近藤さんの劇をする時、近藤さんの役になります。

【新潟市立葛塚小学校六年】

近藤さんの活動を知って、自分も困っているひとや、国などを助けてあげたいと思いました。○何事もあきらめず、不可能だったことを可能にしてすごいと思いました。みんなをえがおにできる人になりたいです。○八十歳をこえているのに、ムスタンと日本を行き来しながら農業を教えてすごいと思います。僕もすぐにあきらめず、最後までがんばりたいです。

これからは、ムスタンだけでなく、いろいろな国へぼきんをしていきたいです。○人のために命をかけられるそんな人になりたいです。近藤さんが、なぜあそこまでするのかわかりません。でも、僕も人の役にたちたいです。○一日五時間しかねむらずいつも夜中に日本の人たちに手紙を何十つうも書いていると聞いてびっくりしました。○私は近藤さんみたいに外国に行くことができないので、応援したいと思います。

【田上町立田上小学校六年】

今まで私は田上小学校に入れてよかったと、思いませんでしたが、ムスタンの学校にくらべるとすごくいい小学校なんだと思いました。○僕も困っているひとを助けてあげたいです。これからもお体に気をつけてがんばってください。○お話をきいて私たちがどれだけ幸せなのかが、よくわかりました。ムスタンは食べ物がなくて、苦しんでいるのに私たちは平気で食べ物を残したりしていました。それはいけないと思います。

近藤さんのお話をきいてから大きく気持ちが変わりました。今まではごはんや、水、エンピツ、ティッシュなどがたくさんあることを「あたりまえ」と思っていましたが、とってもしあわせなんだなーと思えるようになりました。○五年生からお米つくりに取り組んで保護者のご協力があって七十キロとれました。そのお米の売上金をムスタンに寄付しようという案が出ました。役立てていただいたらうれしいです。

続 子どもたちからの手紙

先回小学生からの手紙をご紹介したついでに、中、高校生へ向けて講演したその後の感想文をご紹介する。

【三条市立大崎中学校】

こんなお年寄りがどんな話をするのか最初あまり気にしてなかったですが、爺《じい》さんになっても、人生って、楽しそうだと思えるようになり、今回の講演はとても僕のためになりました。○日本の農業も、ムスタンのように自然を生かした農業を行い、後継者問題などが解決されれば、日本の食糧自給率は上がると思います。今回のお話を心にとどめ、これから農業に関《かか》わることがあれば生かしていきたいです。

目標を持て！という言葉が一番心に残り、今僕は部活での目標をたまになまけていて、お話を聞いてもっとがんばらないと、と思います。○近藤さんのように、死ぬ前に何か一つでもこの世に残せたらいいなと、思いました。○クラスでいじめが起こったら、勇気をだして止め傍観者にならないようにしようと思います。○近藤さんのような考えをする方がたくさんいたら、平和になったり、社会が明るくなったりするのかなあ、と思います。○飢餓で苦しむ人たちを私も救えたらいいのにと思っているのですが、今の私にはどうにもできません。

マンガ家・西野公平、つぐみ夫妻制作の紙芝居

【新潟市立黒埼中学校三年生】

募金はできても現地にはいけないだろうと思います。○「誰かのため」に、この言葉がとても印象的で、自分も何かしてみようと思うことができました。○私のおばあちゃんにも夢ができれば、元気になれるなぁと、思いました。

【県立新津高校一年生】

自分は、はっきりとした将来の夢なんて持っていないし、それでもいいと思っていたが、大きな夢を持つのもいいなと、思った。テレビで見た近藤さんを、どこかの国のでき事だと思っていたがお話を聞く機会があり、実感した。○これからの人生を自分次第でいくらでも変えられると思った。焦らなくてもいいからしっかり考えて決めることが大事で、これから他人の役に立つことを実行し、それが自分のためにもなるんだと思った。○世界の近藤と、自分で言えるのがすごいなあと思い、ほんとにそうだと分かりました。○すごいところは、気合だ。お話を聞くまでは眠くて嫌だったけど、お年よりずっと元気で眠気を忘れて聞き入っていた。

【県立向陽高校一年生】

自分は、すごいおじいちゃんなんだと胸を張っていて自信たっぷりで、大きな声で話す姿が大きく感じました。○近藤さんは「親のいうことは聞かなくていい」と話しました。確かに自分のしたいことは親が反対してもやってみる価値はあると思う。○今すごく迷っていて近藤さんの生き方を参考にしてみようかなと思います。○大学や専門学校にもし入れなかったら近藤さんの仕事の手伝いをやってみたいです。○近藤さんの多少ナルシストかと思われる発言も、自身が成し遂げた誇りがそんな発言になり、志の高い、自信を持てる生き方が羨《うらや》ましいと思いました。つまり僕も有言実行をしようと思います。

読者の励ましに感謝

二〇〇七年五月一日からスタートした本欄を多くの皆さまよりご愛読いただきましたこと、先《ま》ず厚くお礼申し上げます。その間、県内外を問わず講演に出掛ける先々で、また行きずりの見知らぬ読者が私を見つけ、励ましとご感想を頂戴《ちょうだい》しました。さらにはムスタンの窮状を本紙でお読みいただいた読者から、子どもたちのためにと巨額の支援金をお送りいただいたことなどが思い出されてまいります。

私の雑文は、どの回をとりましても時々の思い出深いことばかりだったのですが、それらの中で貫いている三本の柱があったことを、皆さまお気づきだったでしょうか。

第一は、ご支援くださっている皆さまへの感謝の気持ちです。昭和五十一年春より今日に至るまで、殊に古希を過ぎてから単身でネパールの秘境ムスタン地域に定住して農業開発を創《はじ》めた老生を、絶えず温かくご支援いただき本当にありがとうございました。

第二は、日本の、新潟の農業活性化への号令かけです。至るところ日本の山村農業地帯は、愚かな農業政策によってすっかり衰退し、農業に夢を抱けない若者たちが次々と故郷を捨てて都会へ流れ去って行く現状があります。講演するたび私の農業に対する心の叫びを強く訴える所以《ゆえん》です。

私の講演を聴いて最近、ムスタンを訪ねてこられる方が多いです。一、二年いっしょに農場で働いてみたいという青年や、定年後間もないシニア世代で農業に興味のある人たちが後を絶ちませんので、冬季のりんご剪定《せんてい》や、春季の摘花に大助かりです。

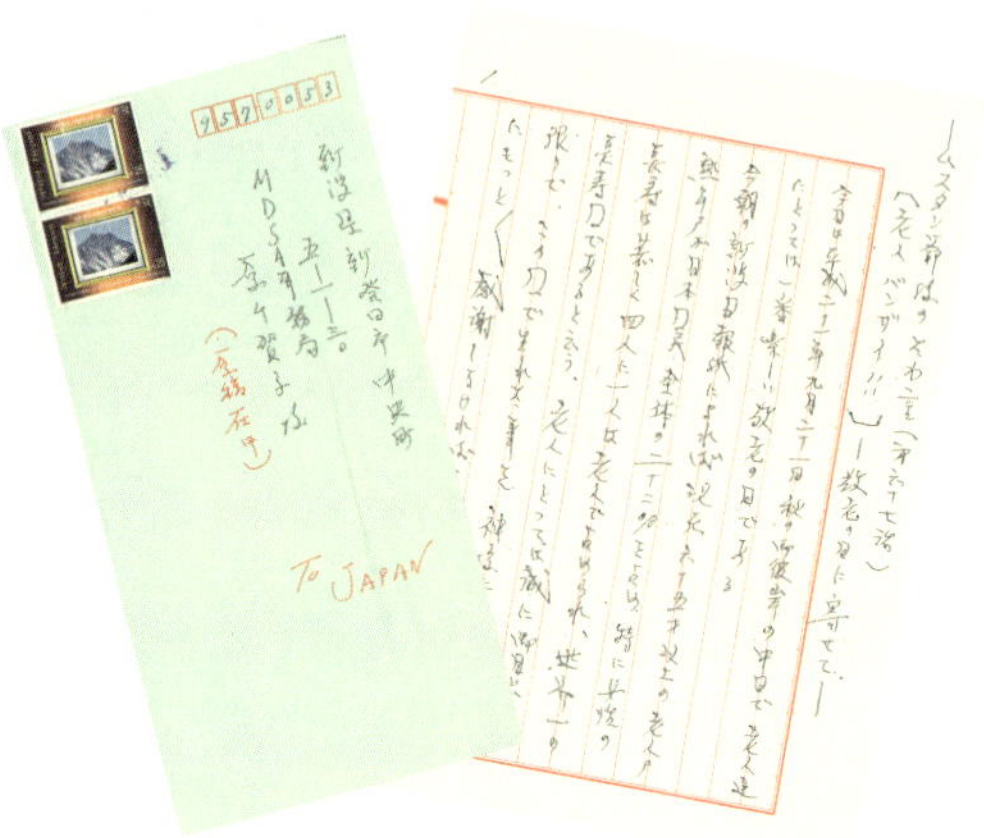

三番目は、原爆を落とされた日本人としての使命の不戦の誓い、恒久平和への誓いです。自然破壊の最大の脅威ともいうべき核は、この地球上には絶対に要りません。自然の恵みの尊さ、ありがたさを日々身に浴びて農業にいそしむことこそ農民の道であり、輝かしい栄光への近道であるに違いありません。

新潟県の自然環境とは全く異なるムスタンは、雨の少ない超乾燥地で、寒風に砂礫《されき》の舞い上がる不毛の台地に人々は貧しくとも明るく力強く暮らしているのです。もうじき満八十九歳になり、しかも闘病中ですが、皆さま方からお寄せいただくお力をお借りし、まだやり残したことも多々ございますので、もう少し現地でがんばる覚悟でおります。

最後に、私の拙《つたな》いたわ言を三年近くご掲載くださるご縁をつくっていただいた、当時の高橋正秀編集局次長ならびに学芸部の皆さまに厚くお礼を申し上げます。わがままな爺様の原稿で、字数もお構いなくムスタンの夜半、興の赴くままに書きなぐってはＭＤＳＡ事務局次長の原千賀子さんにすべて送り続けました。ネパールから日本まで出す手紙は早くて十日、下手すればひと月もかかるのですが、一度も締め切りを破らずに済んだのは、彼女のおかげでした。折に触れ適切なイラストも添えてくれました。皆さま本当にありがとうございました。どうぞ一度ムスタンの爺様を訪ねていらっしゃい。お待ちしております。そのご案内とお世話は当会ＭＤＳＡ事務局が致します。

結びに代えて

近藤先生は三条市内の高齢者向けの住居「リビングハウス条南」に平成二十二年春からお世話になっています。旧制三条中学のご出身のこともあり、時々お訪ね下さる当会の知人友人にも恵まれ、快適な越後暮らしのようにもお見受けします。

私は新潟市立木戸小学校六年から東新潟中学校三年までの四年間、英語塾でお習いしたその先生が実は近藤亨先生だったのです。その当時新潟県内一のマンモス校東新潟中学校は一学年が十五クラスあり、全校では約二千人規模でしたが、クラスで五〜六人は近藤塾の生徒だったのを今でも覚えています。

私には英語の先生でしたが、新潟大学農学部助教授、県の園芸試験場などを経て、国際協力機構（ＪＩＣＡ）の果樹専門家として先生はネパール国に派遣されました。七十歳でＪＩＣＡを退き、今度はネパールの中でも秘境と言われるムスタン郡に単身赴任、以後今日まで農業開発支援の先導者になり国際的なボランティアマンに変身された訳です。小学生だった私が「近藤英語塾」にかつて通ったご縁に端を発し、現在当会のさまざまな役目を頂くに至りました。

ネパール・ムスタンでの活動は、果物づくりの近藤先生流農業支援開発はもとより、これまでに十七校の学校建設や、病院設立に至るまで、全国の会員の皆さまのご支援と、財団、篤志家、企業からのご寄付などで事業を推進し続けて参りました。日本とネパールのテレビ、新聞などでその様子は余す所なく報道され、白くて長い「ひげの近藤翁」といえば今や「ミスタームスタン」の顔として、県内はもとよりここ数年来各地へ講演に向かう途中、見知らぬ方が新幹線や飛行機の中でさえ近藤先生を見つけては激励の言葉をかけてこられます。

「農業は、すばらしいですよ。大きな夢を描いて人生を送ること。人間ボサボサしていたらあっという間に年をとるんです！」といつも立ったまま何時間でも壇上から檄を飛ばし続けるのが近藤先生流講演です。その先生も寄る年波、近年何度か体調を崩されることもあり、ある時は入院中にもかかわらず、ワシントンまで講演にお供したこと、急病でソウルまで出迎えに参上したことなどが懐かしく思い出されます。

老先生の農業への情熱、不毛の台地ムスタンへの挑戦者魂は神がかり的でさえあります。他者を決して寄せ付けない孤高の人です。時に演台を叩《たた》きながら農業の重要性を力説する様は気迫に満ちています。私もこれまで延べ数百回にも及ぶ講演に同行させていただくにつけ、農業に最近特に大きな関心を寄せるに至り、先日生まれて初めて「田植え」を県北の関川村の自給自足を目指す五家族「はっぴぃふぁーむ」のメンバーと楽しく体験する機会に恵まれました。そう昔でもないかつての新潟平野の湿地帯の、亀田郷や点在する潟などの沼地で胸まで水に浸かりながら田船を漕いだ辛苦を経験された先人方には〝楽しい田植え〟などと言い放てば忽《たちま》ち笑われることでしょう。

折しも今日は田植え日和の晴天。果物が大好きな近藤先生の下に、朝どり苺《いちご》をどっさり携え三条のケアハウスを訪ねました。その帰路、弥彦山、角田山の蒼《あお》い稜線を背景に梅雨入り前の爽《さわ》やかな風そよぐ田に、あたり一面のさ緑の美しさに、運転しながら熱くこみ上げてくるものがありました。

「ああ、田んぼってこんなにも美しいものなんだ！」農業の尊さ、緑の美しさ、健康への感謝、平和の尊さなど、それらの遠景には必ず田園風景が寄り添うものです。

最近、都会での会社勤めを辞め蒲原平野の一部を、僻村地区のわずかな農地を自力で耕し始めようという若い人たちの兆しも芽生え始めているのです。近藤先生のムスタンにおける農業に注ぐ情熱を、不屈な精神を、今後日本でも若者たちが少しずつ引き継いで行けたら、あるいは新潟県の新しい農業の未来を担ってくれるかもしれません。

今年は少し明るい梅雨入りになりそうです。「たわ言」をご愛読いただきました読者の皆さまよりお寄せいただきました、温かいご支援とお励ましにこの場をお借りし心から感謝申し上げます。また、私のたどたどしいイラストにも温かいご寸評を頂戴いたしました。出版に当たり末筆ながら、新潟日報事業社社長五十嵐敏雄様、出版部の神原誠様に心より感謝申し上げます。

本当にありがとうございました。

平成二十二年初夏

原　千賀子

ムスタンへのご案内

近年、ムスタンの空の玄関口ジョムソン空港は滑走路も見違えるほど整備され、数社の航空会社が二十人乗りの小型機を運航しています。年中強風が吹き荒れるムスタンでは、風の弱い午前十時前後までにその日の運行が全《すべ》て終了します。熟練パイロットによる有視界飛行操縦のため雨期や冬季には飛べない日が幾日も続きます。目の覚めるようなヒマラヤの青い空、白雪を頂くアンナプルナ連峰。ニルギリ、ダウラギリの間を縫うようにして飛ぶ迫力は圧巻です。

飛行場を出ると、すぐ右手に石畳の道を歩く間の街道が一番賑《にぎ》やかな通りです。その間、およそ十分、街道の両脇には数件の小さなホテルや日用雑貨店、パン屋、本屋などが立ち並び、近年はインターネット接続業や乗用車、ジープなどのタクシー業も現れ近代化の波が確実におし寄せています。南に下る道はベニ、ポカラ（ネパール第二の都市）を経て、カトマンズ（首都）まで、どうにか車でも行き来できるようになりました。

標高二、五〇〇～二、八〇〇メートル地帯をアンダームスタンとよびます。一般外国人の入域ボーダーラインのカクベニ村以北の二、八〇〇～三、八〇〇メートル超をアッパームスタンと呼んでいます。ネパール国の軍事基地もあり、アッパームスタン最北はチベットと国境を接します。

ヒマラヤ連峰から吹き降りる風が年中大変強く、雨が極端に少ない寒冷乾燥地で、これまで農業には適さない地帯と言われてきました。村人の多くは零細農民で、その暮らしは大変貧しく、麦や蕎麦《そば》などの雑穀類を満足な農業技術も持たず荒れた土地で耕作し、ネパール政府からも見放されてきた地区です。冬場はカトマンズやインドなどの大都会に出稼ぎを余儀なくされ、家に残った老人や子供たちは川辺に自生する雑草の根や蕎麦の葉を干して食用にしたり、そば粉をそのまま練って常食にしたりするなどの乏しい食生活を送っています。栄養不足やビタミンの欠乏などから病気に罹《かか》ると老人や乳幼児の死亡率が高く、平均寿命は四十五歳前後といわれます。

みなさまの温かいご支援をいただきながら、ネパール人を雇い彼らと共に石原の台地を素手で開墾し、植林地や果樹園、野菜、畜産、魚の養殖ほか総合的な自然有機農業を理事長近藤亨が七十歳からムスタンに定住し指導して参りました。一方これまでに十七の小、中、高等学校を作り、病院を建設運営し、村々の生活基盤整備など総合的な国際奉仕活動を続けております。

近藤亨プロフィール

平成十年十月、標高二七五〇メートルのネパール・ムスタン・ティニ村で世界最高高度の稲作に成功、全世界を驚かす。

現在、ムスタン・ガミ村標高三六〇〇メートルの高地に病院を建設。病院運営に邁進中。ネパール各方面より多大なる賞賛を集めている。

一九二一（大正十）年新潟県加茂町（現在加茂市）生まれ。新潟大学農学部助教授を経て新潟県園芸試験場の研究員となり、一九七六年に国際協力事業団（ＪＩＣＡ）の果樹栽培専門家としてネパールへ。以後十数年間にわたり、ネパールのために尽力する。

国際協力事業団を辞めた現在も、ネパール・ムスタン地域開発協力会理事長として現地ムスタンにとどまり、果樹栽培の指導、病院や小学校の設立など、多方面にわたり、秘境ムスタンの発展のための活動を続けている。


【主な受賞】

ネパール国

一九九七年　国王勲二等勲章
一九九七年　政府・シルバー勲章
一九九八年　園芸学会特別功労賞

日本国

一九九六年　外務省国際協力賞
一九九九年　吉川英治文化賞
一九九九年　毎日国際協力賞
二〇〇一年　新潟日報文化賞
二〇〇一年　読売国際協力賞
二〇〇三年　米百俵特別賞
二〇〇六年　地球倫理推進賞
二〇〇八年　坂口安吾賞・新潟市特別賞

（NPO法人）ネパール・ムスタン地域開発協力会（M.D.S.A）
・日本事務局：〒956-0832
新潟市秋葉区田島790番ハイタウンすみれ201
TEL/0250-23-3953　URL:http//mdsa.info
・新発田分室：〒957-0053
新発田市中央町５-1-30
TEL/0254-26-3520

写真提供／MDSA事務局
イラスト／原千賀子

本書の活動は、すべて皆さま方のご支援により推進されております。

ムスタン爺《じい》さまの戯言《たわごと》

2010（平成22）年８月15日　初版第１刷発行

著　者　近《こん》　藤《どう》　　亨《とおる》
発行者　五十嵐　敏　雄
発行所　新潟日報事業社
〒951-8131
新潟市中央区白山浦2-645-54
TEL 025-233-2100
FAX 025-230-1833
印　刷　新高速印刷㈱

ISBN978-4-86132-411-6

秘境に虹をかけた男
ネパール・ムスタン物語

近藤　亨

標高二、七五〇メートルのネパール国の秘境ムスタンで、世界最高高度での稲作に成功。野菜や酪農、病院・学校建設などに尽力する著者の横顔。

定価一、五〇〇円

ムスタンへの旅立ち

近藤　亨

ネパール・ムスタンの大地に稲作を、果樹園をと夢見た著者が、荒漠とした大地に命をかけて挑戦し続ける合間に書き留めた詩歌集。

定価一、五七五円

新潟100名山

新潟県山岳協会

越後三山や谷川連峰といった峻険たる一級山岳から、ファミリー登山に適した里山まで「100名山」を選定。1山4ページで、その魅力を紹介。

定価二、七三〇円

越後百山　改訂版

佐藤れい子

新潟とその隣県に位置する越後百山を踏破した著者の登山紀行。折々に変化する山々が見せる美しさや楽しさなどの魅力をつづる。

定価二、一〇〇円

新　にいがた花の山旅

新潟県山岳協会

新潟の花が彩る56山を、地元山岳協会所属の岳人たちが紹介。豊富な写真と詳細なコースマップも掲載したハイカー必携の一冊。

定価一、六八〇円

ポケットガイド
新潟県の山の花

加藤　明文

新潟県内の低山から高山で見られる山の花508種をオールカラーで収載。登山に携行しやすいコンパクトサイズで、山歩きに最適。

定価一、五七五円

新潟県の山菜

山本　敏夫

読んで見て、食べて楽しむ山菜百科。県内の代表的な山菜・木の実200種を生態写真とともに解説。ハイキングや山歩きが楽しくなるガイド。

定価二、一〇〇円

新潟県のきのこ

新潟きのこ同好会

県内で出合えるきのこ260種を徹底ガイド。発生環境から食、毒の区別、学名などまで生態写真で紹介。これまで発生した主な中毒事例も併載。

定価二、一〇〇円